【文庫クセジュ】

# 石油の歴史

## ロックフェラーから湾岸戦争後の世界まで

エティエンヌ・ダルモン/ジャン・カリエ著
三浦礼恒訳

Que sais-je?



白水社

Etienne Dalemont et Jean Carrié, *Histoire du pétrole*
(Collection QUE SAIS-JE? N°2795)

目次

# 石油関連年表

一八五九年　石油の地下貯留池が初めて発見される（アメリカ）
一八七〇年　スタンダード石油が設立される
一八七三年　バクー（ロシア）で石油の生産が開始される
一八八五年　ロシアにロスチャイルド資本が参入する
一八八五年　スマトラで石油が発見され、ロイヤル・ダッチの前身が誕生する
一八九〇年　ロイヤル・ダッチが正式に設立される
一八九〇年　シャーマン・反トラスト法が採択される
一八九二年　マーカス・サミュエル、シェルを設立する
一八九六年　フォードが乗用車第一号を製造する
一九〇七年　ロイヤル・ダッチ・シェルグループが成立する
一九〇八年　ペルシアで石油が発見される——中東で初の発見
一九〇九年　アングロ・ペルシア（現BP）が設立される
一九一一年　アメリカ最高裁、スタンダード石油の解散を命じる
一九二〇年　サンレモ協定が成立する
一九二四年　フランス石油が設立される
一九二七年　キルクーク（イラク）で石油が発見される
一九二八年　フランスで石油法が制定される

一九三四年　フランス石油のイラク産原油の初荷がフランスに到着する
一九三八年　クウェート、サウジアラビアで石油が発見される
一九四三年　メキシコ、石油産業を国有化する
一九五〇年　ベネズエラで初の利益折半協定が合意される
　　　　　　利益折半方式が普及する
一九五一年　イランのモサデグ首相がアングロ・イラニアン〔現BP〕を国有化する
一九五四年　イランで国際コンソーシアムが設立される
一九五六年　スエズ危機が勃発、スエズ運河が閉鎖される
一九五六年　フランス、サハラ地域で石油を発見する
一九六〇年　石油輸出国機構（OPEC）がバグダッドで設立される
一九六七年　六日戦争〔第三次中東戦争〕が勃発、スエズ運河が閉鎖される
一九六八年　アラスカ州ノース・スロープ〔アメリカ〕で石油が発見される
一九六九年　エコフィスクで北海初の石油が発見される
一九七一年　石油税率が引き上げられる。テヘラン協定、トリポリ協定が締結される。アルジェリアの
　　　　　　石油産業が国有化される
一九七二年　メキシコで大油田が発見される
一九七三年　イラク、リビアで石油産業の国有化が相次ぐ、第四次中東戦争が勃発。第一次石油ショック
一九七六年　エルフ・アキテーヌ国営会社が設立される
一九七九年　イラン革命、ホメイニ師が最高指導者に就任する

一九八〇年　第二次石油ショック、原油価格が二倍に
一九八二年　ＯＰＥＣが原油の生産割当制度を制定する
一九八六年　原油市場の揺り戻し、価格の暴落
一九九〇〜九一年　湾岸戦争の勃発

# 序章

石油やアスファルトのような天然の副産物（原油の軽い成分が蒸発したあとの蒸留残渣が酸化してできた物質）、そして石油に随伴する天然ガスには伝説や前史がある。

しかし石油の歴史、すなわち石油産業の歴史が始まるのは、かの有名なドレーク「大佐」が一八五九年にペンシルベニアのタイタスビルの地下鉱脈を発見したあとのことでしかない。

それ以前から、石油そのものとその成分については知られており、地球上の数多くの場所、とりわけアメリカで石油の埋蔵が確認されていたが、地質学者が「貯留層」と呼ぶ層に採掘作業で到達したのはこれが初めてだった。アメリカ人たちは石油のことをすでに「ロック・オイル（油の岩）」と名づけてさまざまな使用法、とりわけ暖房や照明への利用を見出していた。それゆえに始まったばかりの工業化とそれに付随して起こる都市化、新たな世紀に明かりを灯し、より快適な生活を送りたいと願う人びとの暮らしの一般的な向上と進歩という時代背景において、可能性を秘めた市場が存在した。だが、この市場が発展するためには、使える技術は手に入りやすくなければならず、また、量、簡便性、使用上の安全性の条件が充分に満たされた状態でこの物質、つまり石油を生産、流通させ、手頃な販売価格を設定する必要があった。

十九世紀に石油が慎ましやかに登場してから、とてつもない産業が短期間のうちに発展し、二十世紀には地球上の人間の生活環境を文字通り改善した。一八七三年には年間産油量が初めて一〇〇万トンに達した。この数字はその後の一七年間で一〇倍となり、次の三一年でその一〇倍に増加し、さらにその三九年後には一〇億トンの大台に達した。一九七九年の産油量は実に三〇億トン超へと増大している。これほどの生産量を持ち、急激に伸びた産業は他に見あたらない。二十世紀を「石油の世紀」[1]と名づけるほど現代社会に深く刻みこまれた産業は、石油がほぼ唯一の気化燃料として使われる自動車産業をおいてほかにはない。

（1）実際に「炭化水素社会」あるいは「炭化水素人間」という表現が見られる（ヤーギン）。

石油と石油産業にまつわる叙事詩は、細部にわたり膨大な量ですでに物語られているが[1]、本書では一〇〇頁あまりにそれをまとめることになる。この試みの冒頭で、石油の歴史に関する本質的な特徴、そして一三〇年から一四〇年にわたる世界経済の歴史において石油の歴史が占める地位を最も如実に表わす要素について検討していく。

（1）とくにダニエル・ヤーギン『ザ・プライズ　石油の世紀（下）』、一九九一年、五九九頁。〔邦訳は日高義樹、持田直武共訳で日本放送出版協会から出版されている〕。

経済の歴史とは、われわれがおもな当事者と考える者たちの歴史であり、大きな事件の歴史であり、世界情勢と危機の歴史でもあるが、それはまた組織とその進展の歴史であり、設備や生産過程、加工過程や流通過程を含めた技術の歴史であり、取引形式や売買契約のタイプ、そして資金調達のメカニズムの歴史でもある。地理学と地質学はそれ自体が時の流れとともに変化する、経済の歴史に影響を与えるデータであり、とりわけ石油では顕著に現われている。概論的にならざるをえない本書では、すべての要素や要因の進展を段階的に扱うことは避けた。言い換えれば、いくつかの重要な契機に絞ってとらえたので、連作の壁画のように少々不連続な印象を持たれるかもしれない。

　本書における取捨選択は、必然的に主観的な評価に基づいて行なったが、この偉大な産業的実験についてより詳しく、より伸びやかに読みすすめるために、大きな意味があると同時に刺激的であるようにと願っている。

　いくつかの考察が、本書で紹介する歴史の流れを理解する一助となろう。まず、石油はエネルギーがあらゆる産業発展の基盤となり、経済発展と個人の幸福を左右しているこの時代におけるエネルギーの主役である。そして、このエネルギーは濃縮された形で液体[1]となっているが、容易に気化させることもできる。実際には石油資源はこれまできわめて豊富に存在し、（比較的）安価だった。しかし、枯渇するかもしれないという潜在的な脅威とさまざまな危機によって時折価格の高騰が引き起こされた。当初は技術面に原因があったが、本質的には政治によるものだった。だが、石油の採鉱に失敗の可能性はつねに付きものであり、その活動に悪影響を及ぼす政府間の衝突は、少なくとも一九七〇年代なかばまでは石油生産の華々しい発展には何ら影響を及ぼさなかった。こうした特性から、石油会社に多額の資金が注ぎこまれ、相当な規模に成長した。このことが、この産業に対するメディアと大衆の態度を説明しており、この点についてはは結論で再度取りあげることにする。

（1）液体は輸送と取扱い（ポンプによる採油）が容易であり、より経済的にこれらの作業ができる。
（2）このことによって内燃機関や（巨大なボイラー室から蒸気機関による発電や冶金炉などに至るまで）すべての領域におけるボイラーへの容易な供給が可能となった。

# 第一章　国際的大産業の誕生
## ——灯油からガソリンまで（一八五九〜一九一四年）

### I　ドレーク「大佐」の愚行

歴史上初の石油王は、後世ではドレーク「大佐」の名で知られる、ペンシルベニア州北部のタイタスビルの小さな谷で最初の石油鉱床を発見した人物である。逆説的に言うならば、ドレークが鉱床発見のための工具の操作者だとすれば、この事業を企画し、組織したのはニューヨークの弁護士だったジョージ・ビセルである。ビセルがこうした考えを最初に抱いたのは、母校ダートマス大学の研究室で、医薬品に応用する目的で分析するため、ある卒業生が数週間前に持ってきた「ロック・オイル」の神秘的な標本を見たときのことだ。ビセルにはその油が、充分な量を経済的に生産できるならば、照明の分野で幅広い販路を持つであろうという直感が走った。エール大学のベンジャミン・シルマン・ジュニア教授による分析がその仮説を裏づけることとなった。

ビセルはニューヘブンの銀行の頭取だったジェームズ・タウンゼントをはじめ何人かのパートナーを集めた。今まで「ロック・オイル」は地上に滲みでたものが手作業で採集されるだけだった。つまり、石油が出てくる源である地下の油層にたどり着かねばならず、そのためには岩塩の開発で利用されているような採掘技術を採用する必要があった。やや常軌を逸したように見えるこのプロジェクトを成功させるためには必要な資金を集め、採掘道具を揃え、それを使える現場監督を選任せねばならなかった。

その任を託されたのはエドウィン・ローレンティン・ドレークだった。大声で力強く話す、いわゆる「なんでも屋」の山師である彼は、自分を主人公とした話を語るのを好んだ。彼はニューヘブンのトンチン・ホテルで暮らしており、のちに彼を会社のメンバーたちに紹介したタウンゼントとこのホテルで出会う。当時三十八歳のドレークはバーモント州出身で、父親は故郷で小作農をしていた。彼は若くして学校を辞めて多くの職業を転々とし、最終的にはニューヨーク・アンド・ニューヘブン鉄道に落ち着いた。一八五四年に妻が死去すると、彼は自宅を売り払ってホテルへと移り住み、しばらくあとにタウンゼントと知り合った。ここでタウンゼントは、ペンシルベニア石油会社という会社を設立して取り組もうとしているプロジェクトの現場で取り仕切るようドレークを説得した。こうしてドレークは、石油の存在が知られていたタイタスビルへと仲間たちから送りだされた。タイタスビルはこの地域の森林資源を開発するための人びとが住む小さな集落だった。一八五七年十二月二十日、タウンゼントとともにこの集落に到着した彼は、彼が仕事をする社会に強い印象を与えるよう、E・L・ドレーク「大佐」として人びとに紹介された。この肩書はその後も彼の名についてまわることになる。

監督としての最初の仕事は、これと思われる土地に関する会社の権利を明確にすることであり、ついで採掘道具を集めることだったが、これには多くの努力と時間、そして資金が必要だった。一八五八年、発起人たちは最初の会社を「セネカ石油会社[1]」へと衣替えし、この実験的事業を続ける意志があることを見せ、ドレーク「大佐」はタイタスビルで掘削施設を作りあげた。ボーリング機械を組み立てるため、ドレークは当地の鍛冶職人を協力者として招いた。招かれたのは、親しみを込めて「ビリーおじさん」

と呼ばれていたウィリアム・A・スミスと二人の息子たちだった。

（1）セネカは、ペンシルベニアの丘に居住していた先住民族の部族名であり、彼らは医療目的に使うため、すでに原始的な方法で石油を採集していた。

実のところ、このプロジェクトの準備と実質的な作業の立ちあげには時間がかかり、待ちぼうけを食わされている発起人たちはいくらか神経質になった。だが、ドレークは断固とした態度で根気よく続けた。彼は自分の心の迷いや出資者からの非難、そしてこのプロジェクトを「ドレークの愚行」と名づけたタイタスビルの住民からの冷やかしにも途方に暮れることはなかった。一八五九年八月のことだ。出資の決定権を持ち、これまで必要な資金を捻出してきたタウンゼントは意気阻喪した。そして月末をもって作業を終了し、すべての支払いを済ませてニューヘブンへ戻るよう厳命をドレーク宛てに送った。このプロジェクトは失敗に終わったのだ。

運命が逆転したのは八月二十七日、土曜日の午後だった。タウンセンドの手紙はまだ届いておらず、作業現場はいつも通りに仕事を続けていた。深さ二一メートルに達したところで突然、採掘道具が一五から二〇センチメートルほど沈下して動かなくなり、作業はここで中断した。翌朝「ビリーおじさん」は作業現場を訪れた。表面が光り輝いて溜まっている液体が穴の底に見えたときの驚きは、いかばかりだったろう。彼は普段雨水の採集に用いるやり方でその液体を汲みあげはじめ、油井やぐらのそばに集めたいくつかの小さな木製の樽がその液体で満たされた。ドレークは「ビリーおじさん」と合流し、この液体こそが待ちこがれた「ロック・オイル」であり、枯渇するものではないことを確認したのだった。石油の生産を継続するためには、あとは手動ポンプを設置するだけでよかった。「愚行」が勝利を得たのだ。

これが石油の大叙事詩の始まりだった。タイタスビル一帯は当然この事件に沸き立ち、熱に浮かされたようにさまざまな投機、土地売買や探鉱許可証の買い取りが行なわれ、あちこちで掘削工事が始まった。

ペンシルベニア北部での石油開発の真の立役者であるジョージ・ビセルは、自身の利益を拡大するために一時たりとも無駄にせず、新たに土地を購入するための交渉を開始し、見込まれる生産量と収益は増大した。石油探鉱の持つハイリスク・ハイリターンという特殊な性格を理解した最初の石油企業家はビセルだと言えよう。彼は一八九四年に相当な財産を遺してニューヨークで死去した。

ジェームス・タウンゼントは不幸な運命をたどり、名声を得られなかっただけでなく、収益もそこそこだった。彼のもとにはいくつかの苦い経験しか残らなかった。

ドレーク「大佐」は、おそらく、タイタスビルの住民だけでなく、同時代と後世のすべての人びとにとって、この出来事における中心人物だと言えよう。実際に、一九五九年にタイタスビルで行なわれた石油発見百周年の記念行事において、石油産業における真のパイオニアとして顕彰されたのは彼だ。だが、セネカ石油に参画した他の誰よりも成功しなかったのもドレークである。彼はそれ以後惨めな人生を送っていた。ペンシルベニアの名を有名にするきっかけを作ったことに対するお礼として、一八八〇年十一月に彼が死ぬまでわずかな年金を支給するという、一八七三年のペンシルベニア州政府による決定によって、ようやく貧困から救いだされた。彼は自分を有名にしてくれたこの村に埋葬され、彼の記念碑が建つのはそれから何年かのちのことだ。こうして、ドレーク「大佐」の物語は石油の波乱万丈の歴史における最初の頁に記されている。何世代にもわたって勇敢で組織力があり、ときには、少なくとも十九世紀後半の「原始的資本主義」期において、企業家たちがためらうことなく推進して、とてつもない発展を見る、一つの大産業が生まれたのである。

## II　石油の時代が始まった

タイタスビルでの発見は、「石油の谷」へ企業家や大量の労働力、サービスや設備の供給者、あらゆる相場師など、多くの人びとを引きつけた。この地域の油井掘削数は増加し、簡易製油所の設置もピッツバーグに向かってアレゲーニーの谷を南下した。当初の油井は浅いものだったが、技術の進歩に伴ってより深く、より生産的になっていった。

一八六一年四月、日量三〇〇〇バレルの生産が可能な史上初の自噴油井が実現する。石油の生産は急激に増加した。一八六〇年に年間一〇万トン未満だったのが、二年後には約五〇万トンに達した。強い供給圧力のもとで価格はきわめて急速に暴落した。一バレルあたり二〇ドルだったのが半分に下落し、さらに下げ足を速めて、一八六一年末には数十セントになった。

だが石油製品、とりわけ灯油の販路は拡大し、価格も七から八ドルまで回復した。これも供給量が増えたことで再び価格が下落し、一八七五年頃には一バレルあたり一ドル前後で落ち着いた。土地の持ち主が地下の所有権も有するというアングロ・サクソン系の鉱山法が、当然の流れとして過剰生産の引き金を引いたことは確かだ。実際に、石油鉱床の広がる土地にはしばしば複数の所有者がおり、土地の所有者や所有者から地下資源に関する権利を譲り受けた者たちは、所有地のなかの管理下にある油井から最大限の利益を得ようとした。随伴ガスが流出したり燃えたりするのを放ったたまま、同じ石油層に隣人たちが設置した油井を犠牲にしつつ、油層の圧力を可能な限り温存して、最終的に回収可能な石油量を増やそうと気遣うこともなかった。このシステムは「捕獲法」として知られ、この法の欠点[1]を修正するため、一九三五年に石油保存法が制定されるまで使われつづけた。

（1）この時期以降、「経済的浪費」の概念が「物質的浪費」の概念と同時に発達した。

そのため、この産業は当初から需要と供給を調整することが難しく、価格の不安定性に苦しんだ。それを緩和するため、市場が少しずつ形成されてきた。「掘削中」の時点で運任せに購入していたのが、取引のための特別な場が設けられ、即納あるいは後日の引き渡しとなり、支払方法も現金または期日払い、という習慣が急速に作られていった。石油の探鉱とその発見はその後オハイオ、ケンタッキー、カナダという新しい地域へと急速に広まっていった。新たな企業家たちは事業のリスクが高まればそれだけ大きな利益が得られるという予測によってこれらの地域に引きつけられたが、成功するためには運と才能を併せもつ必要があった。

石油の販路はまさに日々広がっていった。もはや石油ランプはしっかり根づき、アメリカで「最も美しい光」をもたらすものとして認められるようになっただけでなく、ヨーロッパでもアメリカ産石油の輸入が始まっていた。こうして石油市場は国際的に開かれていった。

## Ⅲ　ロックフェラーの登場

ジョン・D・ロックフェラーは、石油産業とその取引に対する知識、将来の構造的発展に関するなかば予知的な直感、さらに状況の現実的な評価力と精力によって、あちこちに存在する混沌のただなかに、急成長した意気盛んな企業集団を作りあげることに成功した。これらの企業はすぐに石油精製、輸送、貯蔵と取引といった領域で、のちには生産そのものにおいてまで支配的立場に立った。

一八三九年にニューヨーク州で六人兄弟の二番目として生まれたロックフェラーは、母親の多大な影響を受け、厳格に育てられた。母親は聖書を読んで日々の示唆を受けるしっかりした女性だった。若き日のジョンは、敬虔で堅実、勤勉で倹約家だった。彼は煙草も吸わず、生涯にわたっていかなるアルコール飲料にも手を出すことはなかった。暗算能力がきわめて高く、電卓のない時代にその能力は生涯にわたって役立った。幼いころから取引や事業に非常に興味を持っていた。彼は投機を嫌ったが目端は利くほうだった。

彼の決定の基盤にあるのは熟考、分析と計算だった。しかしリスクを冒す術を心得ており、そのときには彼の直感と判断は論理に取って代わった。

十六歳になった彼は、石炭と穀物の卸売業者ヒューイット・アンド・タットル商会に会計士補として入社し、のちには会計士として勤めた。自分の扱う数字を通して、とりわけ鉄道輸送と運河や巨大湖での船舶による水上輸送業務に関する商売の基礎を身につけていった。そして、数字として表わされた意味を理解することで、取引の実情や、貯蔵、運送、販売といった物理的な業務の現実を把握しようと心を砕いた。

経営者たちから非常に評価されていたにもかかわらず、若きロックフェラーはその活動領域を広げようとしていた。一八五九年、二十歳になった彼は退社して、自分の卸売商社を作るためモーリス・クラークとパートナー関係を結んだ。この会社は小麦、豚肉と塩を売買していたが、すぐに石油も手掛けることとなった。ますます力を入れるようになったのは、一八六三年に会社のあったクリーブランドとペンシルベニアとのあいだに鉄道が敷かれてからであり、その沿線には石油精製所が立ち並んだ。それを最初に手掛けた者たちのなかに、ロックフェラーとクラークはいた。彼らの精製所は最大規模を誇り、収益もきわめて満足いくものだった。だが、二人の共同経営者は将来の展望も、会社を発展させるリズムもまったく異なっていた。かたやモーリス・クラークは小心者であり、かたやロックフェラーは大胆で野心家だった。多くの議論を交わしたすえ、モーリス・クラークは共同事業を解消するか、その資産を引きあげるか、という脅しをかけた。

ロックフェラーはその言葉を文字通り受け取って、競売を提案した。七万二五〇〇ドルの値が付いた時点でクラークは買い取りを断念して、会社をロックフェラーに譲渡することになった（一八六五年）。当時アメリカは続いていた南北戦争（一八六一～六五年）が終結したばかりで、急激な産業発展の時代へと突入するところであり、それがロックフェラーの成長目標に幸いした。それ以降、ロックフェラーは魅惑的かつ情熱的な石油の「偉大なゲーム」にひたすら没頭した。だが、彼は投機家として行動するのではなく、持続的に発展する市場を構築し、市場に役立てるために得られた利益を計画的に再投資しながら有益な設備を築きあげる、賢明な産業家として行動した。こうして彼は二つ目の製油所を建設し、一八六六年には東部市場の制覇と輸出量増大のために新たな会社を設立した。

彼の行動を方向づけているのは次のようないくつかの確固たる原則だった。

その一　石油取引のあらゆる工程において、必要かつ最も性能の良い設備を持っていること（貯蔵、輸送方法、精製作業など）。

その二　相次ぐ作業で生じるコストを厳格に管理し、同業者のコストを下回るようにすること。

こうして、使いやすく考案された、より経済的な新しい器具、工具、システムを開発した先駆者として、技術的な武器を利用した。とくに彼は輸送方法として、パイプラインを原料と完成品の両方に利用し、鉄道や船舶、馬車による輸送の価格協定の裏をかいた。

ロックフェラーによれば、「多額の投資をするには、生産部門はまだ無秩序な状態にある。それなら、非常に安価で提供されている原油を買うほうがましだ」。

## Ⅳ　スタンダード石油の設立

この工業的な試みのために、ロックフェラーは弟のウィリアムとハリー・フラグラーをはじめとする何人かの友人と協力した。フラグラーはロックフェラーの側について、スタンダード石油の発展において役割を果たすことになる。この会社は共同経営者たちの活動全体をオハイオ州北部のエリー湖岸にあるクリーブランドを中心に集約して組織するため、一八七〇年一月十日に資本金一〇〇万ドル（一八七二年に二〇〇万ドルに増資）で設立された。「スタンダード」の名は納入される製品の品質が公表されている水準、つまり市場における最高水準を保証している、という意味から採用された。この会社は当地で最大規模かつ最良の設備を備えた製油所を二つ有していたが、すべての産業部門が過剰生産の状態にあり、過当競争と相まって、価格の下落を引き起こした。すべての業者と同様に最も競争力の高いロックフェラーでさえ打撃を受けた。この状況に対して緊急の改善策を採る必要があった。

製塩産業で似たような状況を経験していたフラグラーがこの問題解決に尽力した。彼はとくに輸送に関する問題点に取り組み、鉄道会社と交渉して、大会社だからこそ提供できる取引量の保証と、その見返りとして料金面での優遇を受けられるようにした。

このように、スタンダート石油の最初の一〇年間は非常に厳しい競争を勝ち抜き、徐々に頭角を現わしたことで特徴づけられる。財務面での成功によって、組み入れ資本の増額、作業器具の改良、生産量の増加、市場の拡大が可能になり、つまりはスタンダード石油の締めつけに対抗する手段を持たない小規模の独立した石油生産業者に対する力を強めることとなった。

一八七九年、勝利は手のなかにあるように見えた。だが決着はまだついていなかった。ペンシルベニアの石油生産業者たちは極秘に団結し、当時としては大胆な計画を練りあげた。全長約一七五キロメートルに及ぶタイドウォーター・パイプラインの建設である。石油生産地域とペンシルベニア・アンド・リーディング鉄道の出発点を結ぶことで、東海岸の巨大市場にスタンダード石油よりも輸送コストをかけずに原油を送りこめるようになったのだ。だが、スタンダード石油もただちにより長く、クリーブランド、バッファロー、フィラデルフィア、そしてニューヨークを通る四本のパイプラインの建設に着手し、また二年のうちにタイドウォーター・パイプラインに少数派ではあるが資本参加することに成功した。

買いあげられたり、新たに建設された製油所[1]には、効率的で安い輸送網を使って、産油地域から原油が送られてきた。スタンダード石油は灯油をはじめとするおもな石油製品の流通量の八〇パーセントを生産することで市場を支配した。だが、アメリカは広大な国だ。新しい生産拠点と新規市場が開拓されていく。それゆえ戦いも終わりを迎えていなかった。

（1）ペンシルベニア州北部と南部、バッファローからニューヨークに至るまでのニューヨーク州が該当する。

戦いは商業面のみならず司法面でも、世論と政界を動員して展開されていた。地方裁判所や州裁判所で提訴され、スタンダード石油は同業者を排除するための不正な駆け引き、独占的状況を強固にするための価格操作などで告発された。著名なジャーナリストたちが、スタンダード石油の不正行為や市場独占の企て、自身の隠れ蓑としている秘密を告発するキャンペーンを張った。この会社は広がりつつあるこれらの脅威からどのようにして身を守ったのだろうか。

## V　スタンダード石油トラストの形成（一八八二年一月二日）

共同経営者たちはグループの、操業中にあるいくつもの会社の株式を、当時禁じられていた単一企業による所有ではなく、それぞれの名義人が「委託」されて「預かっている」体裁に見せかける戦略を思い描いた。それぞれの名義人とは、言うまでもなくグループのトップにある中心会社の株主たちである。これで指揮権の統一性も保持できる。このようにして形成された「スタンダード石油トラスト」は七〇万株の発行株式を四一名の構成員に分配した。(1) 「理事会」が運営するこのトラストは、全グループ企業（完全支配下の一四社と部分的に支配していた二六社）の株式をトラストが受け取った。こうして経営の柔軟性と、グループ全体の統括と戦略的決定を行なう中央集権的な指揮権の実効性が保持された。

(1) ロックフェラーが一九万一〇〇〇株、フラグラーが六万株を受け取った。

この体裁に合わせて、採択される決定事項は通常、執行命令ではなくむしろ勧告の形を取った。現実には、グループの執行機関はロックフェラーを中心とするマネージメント能力に長けた少人数の者がしっかりと握っていた。ロックフェラーが言明していたように、決定はコンセンサスによってなされた。経営調整委員会と執行委員会は、グループ企業で起きていることだけでなく、市場の進展とライバル会社の状態と不正行為に関するすべての情報を把握できる、素晴らしい情報システムと諜報システムまで備えていた。経営陣はきわめて結束が固く、有能だった。冷静かつ鋼のように強靱な神経を持つことで知られるロックフェラーは、同僚たちの能力と判断力を生かす術《すべ》を知っており、きっぱりとまた忍耐強く、彼が議長を務める執行委員会の議論を肯定的もしくは否定的な結論へと導いた。彼は現実的な展望を持っていたが、基本的に石油産業の発展に関しては楽観的な見方をしていた。彼にとっては、企業拡大の機会、立地条件の良い工場や油田を獲得するチャンスをけっして見逃すべきではなく、本質的な目標は市場を確実に広げるために安価な資源を所有し、加工や流通網の設置、そして流通に要するコストを競争相手よりも低く設定することだった。時代は彼に有利に働いた。人口の増加と生活条件の改善、照明と暖房の必要性が相乗的に高まり、工業機械の飛躍によってますます石油が消費されることとなった。

スタンダード石油は二〇年間にわたって努力を続け、石油精製、輸送、流通、そして取引量の実に八〇パーセントから九〇パーセントを押さえる支配的立場に就いた。スタンダード石油はこれほどの成功を収めたが、それに続く時期、とくに一八八〇年以降は生産部門の監視を頻繁に行なった。この部門では、とりわけ慎重に事業を展開した。執行委員会のメンバーは石油生産者たちに対して警戒心を持っており、あまりあてにならないと考えていた。原油価格の変動が大きく、他の投資を左右するコストと収益性の予測がそれに振りまわされることが危惧されていた。

加えて、新たな油田を発見したときに生産量を見積もることは不可能なことだ。物理探鉱法は存在せず、地質学の石油への応用はいまだ進んでいなかったからだ。いくつかの地域において急速に油田が枯渇したので、石油の将来への不安と不確実性は解消されなかった。だが、一八八〇年代なかばに埋蔵量の多い油田がオハイオ州フィンドレー近郊で発見された。ただ、この油田は隣接するインディアナ州へも広範囲にわたって広がっていた。スタンダード石油の執行委員会は、仮に原油が不足する状況に陥った場合、会社が置かれる状況は不安定であると理解しはじめていた。「そのとき」が来たならば、石油精製、輸送そして流通のために投じてきた資本が、一体何の役に立つというのだろうか。

オハイオにおける油田発見は、硫黄と硫化水素を含むうえに悪臭を放ったため、この原油は販売しやすい灯油の生産には適しておらず、スタンダード石油の経営陣にいっそう有利な条件で生産を行なう機会をもたらした。あり余るほど豊富にありながらその流通が困難な状況のもと、オハイオ原油の価格は一八八七年には一バレル一五セントにまで暴落した。スタンダード石油はストックされていたこの原油を大量に購入し、探鉱のために土地を取得してボーリングを行なって自社生産に着手するという、危険だが結果的には大成功をもたらす決定を行なった。この決定はすぐに適切なものだと判明した。というのも、スタンダード石油が雇ったドイツ人科学者、ヘルマン・フラッシュが一八八八年に硫化硫黄の除去を可能にする精製法の開発に成功し、オハイオ原油から通常の品質と変わりない灯油の生産が可能になったからだ。こうして、スタンダード石油は生産部門の支配をかなり高めたが、川下の部門と同程度の支配水準に達することはなかった。

それでもスタンダード石油は当初から原油市場に密接に関わり、積極的にそのなかへと組みこまれていった。ジョセフ・シープ・エージェンシーを買収すると、これがスタンダード石油の高まりつつある必要に応じて展開していく組織の基盤となった。この買い付け代行会社は、さまざまな販売場所での現物または先物での原油購入のみならず、現場の油井においても中心的な役割を果たした。スタンダード石油が一八九五年以降に一般化させたのはこうした原油の購入方法であり、他の独立石油精製業者たちもこれに追従した。あちこちに設けられた原油取引所は廃止され、最終的にスタンダード石油は、集油ラインの入口やパイプラインの出口の段階で「公示価格」を付けるシステムを採用した。

このシステムは約一世紀が経過した現在もなお用いられている。[1] スタンダード石油がアメリカ国内の販路を開拓しただけで満足しなかったのは言うまでもない。スタンダード石油は全力を挙げて国際市場に挑み、一八八〇年代初頭の数年のうちに国内市場における販売量と同程度の輸出量を達成した。石油産業が世界中の消費者を相手に成功したことで、アメリカ国内のみならず外国からも新規参入者を引きつけ、そして競争の更なる激化をもたらした。新たな原油資源の倍増が市場の将来的な発展、地理的拡大、そして石油の用途の多様化といった方向性を決定した。最初の二〇年間、ペンシルベニアでの生産のうえに成り立っていた石油産業は国内産業に留まり、ロックフェラーとスタンダード石油の出資者たちの支配を受けるようになったのに対して、それに続く一〇年は、アメリカ国内や世界の他の地域において新たな産油地帯が生まれたことと、ロックフェラーを倣ったような、直感にあふれて大胆な実業家の興した新規企業グループの出現が特徴である。ここで彼らの冒険について語ることにする。

(1) 毎日発表される公示価格は、当時は市場を左右する各種データを考慮して決められていた。公示価格が意味するところは、スタンダード石油は特定の地域における特定の原油を全部あるいは一部をこの水準で購入する用意がある、というものだった。

# Ⅵ ロシアのノーベル兄弟会社

一八七三年三月、ロバート・ノーベル[1]がバクー〔現在はアゼルバイジャンの首都である〕に到達した頃、カスピ海沿岸には小規模ながら石油産業がすでに存在していた。彼は弟のルドヴィッヒに頼まれて、ロシア政府から注文された銃床の生産に使うクルミ材の買い付けのため、二万五〇〇〇ルーブルを持ってカフカス地方にやってきたのだった。ロバートはこの地域全体に沸き起こっていた石油フィーバーに影響されて、材木を購入する代わりに小さな石油精製所を手に入れた。こうしてノーベル一族は石油王になった。ルドヴィッヒは石油事業に乗りだすことを了承し、アイデアと資金を兄に提供した。彼はとくにバラ積みの石油を運ぶカスピ海の海上輸送を開発し、一八七八年に初のタンカーであるゾロアスター号を投入した。

（1）ロバートは、スウェーデン出身で一八七三年からロシアに滞在していたエマニュエル・ノーベルの長男である。エマニュエルには、ほかに末っ子のルドヴィッヒとダイナマイトの発明者でノーベル賞の創設者であるアルフレッドの二人の息子がいた。

ノーベルや後発の業者たちの活発な事業のおかげで石油生産は急激に増大し、一八八五年頃にはアメリカでの原油生産量の三分の二に相当する年間二〇〇万トンにまで達した。そして、ノーベルの生産量はその半分を占めていた。

これらすべての発展には多額の資金が必要だった。クレディ・リヨネ銀行が高額な貸し付けを行なったが、おそらくこれが将来の石油生産を担保にした史上初の貸し付けであろう。

## Ⅶ　ロスチャイルド一族の参入

もう一つの壮大なプロジェクトは、ノーベル一族の競争相手である生産者たちが進めていた。バクーへのアクセスを容易にするため、黒海沿岸のバトゥーミ〔現在はグルジアの一都市である〕とのあいだに鉄道が建設されることが必要であり、それがヨーロッパへの輸出を実現させることとなった。ヨーロッパの大資本家だったアルフォンス・ロスチャイルドはこの事業への協力を要請され、彼のおかげで完成した鉄道は一八八三年に開業の運びとなった。こうして協力した折にロスチャイルドはカフカス地方の石油産業に触れ、やがて自身がこの事業へ着手することにつながった。一八八六年にロスチャイルドは原油と石油製品を生産、輸出するためにカスピ海・黒海石油会社を設立した。ヨーロッパでの製品販売を容易にするため、ノーベルとほぼ同時期にロスチャイルドはイギリスに販売会社を設立したが、スタンダード石油もまた自社製品を売りさばくための会社を作った。ロシア製品とアメリカ製品の競争は激化していった。ロスチャイルドやノーベルによるロシア製品は、一八八〇年代のうちにヨーロッパ市場の二〇パーセントから三〇パーセントを占めるに至ったが、それでもなおロックフェラーを中心とするアメリカ製品が優位を保っていた。ロシア国内市場ではノーベルが優勢で、ロスチャイルド・グループは輸出販売に大きく依存していた。ロスチャイルドは販路の拡大、とくに東方への拡大が必要だと感じていた。だが、競争力を持って遠いアジアに食いこむにはどうすればいいのだろうか。

## Ⅷ　マーカス・サムエル、ロスチャイルドの盟友となる

この問いは、ロスチャイルドの友人で海運仲買人であり、発想豊かで顔の広いフレッド・レーンに向けられた。彼は成功を収めたとあるシティーの商人にロスチャイルドを引き合わせた。それがマーカス・サムエルだった。サムエルは家業の小間物や極東の貝殻装飾品の輸入業を発展させた。極東には彼の人脈があり、とくに一八六九年のスエズ運河の開通と電信設備の設置によって、短時間での情報交換が可能となったことが有利に作用した。ささやかとも言えるこの商業的基盤を利用して、サムエルはスタンダード石油との競争に勝つため、ロシア産灯油の流通面でこれまで以上に野心的な計画を立てて実現させる必要があった。彼は一見して魅力的な人間ではなかったが、先を見通す能力に長けており、状況を判断するための洞察力と現実性も兼ね備えており、行動は手早くかつ決然としていた。ロスチャイルドと手を組んだことで、彼の事業はまったく新しい分野に拡大できる貴重な機会が得られた。彼はカフカスの生産現場や精製所、貯蔵方法や港湾設備を見てまわり、企業をあらゆる側面から深く掘り下げる研究に着手した。そして、製品を安価に輸送して販売することは絶対的な要請であり、この点については、バラ荷のまま海上輸送を行なって到着地の油槽所に備蓄しておき、そこから地上輸送路をできるだけ広げることで解決できるという結論を出した。また、最短距離を結ぶ経路、つまりスエズ運河を通過する航路を使えるようにする必要もあった。サムエルが設計し、建造したタンカーには確実な輸送手段として充分なまったく新しい技術が取り入れられていた。スタンダード石油が中心となって巻き起こした激

しい論争や反対があったが、一八九二年一月に運河通過の許可を受けた。サムエルのタンカー第一船、「ミュレックス〔ホネ貝〕号」は一八九二年七月にイギリスを出発し、バトゥーミで灯油を積みこんで八月二十三日にスエズ運河を通過し、その数週間後に最終目的地のバンコクに到着した。極東の戦略地点であるシンガポール、バンコクに大規模な油槽所を建設したこの企業は大成功を収め、スタンダード石油とはくらべものにならないほど穴だらけの組織だったが、サムエルと製品の生産者であるロスチャイルドに大金が転がりこんできた。事実、マーカス・サムエルは支離滅裂で、えてしてロスチャイルドの人間とよく喧嘩をした。サムエルは大物ライバルと同程度に首尾一貫して強固な組織を自分の周りに築きあげることはできなかった。

ロシア産石油とアメリカ産石油の競争は激しく、それをスタンダード石油は危惧していた。「世界協定」の可能性を探るために一八八三年に「アルフォンス男爵」をニューヨークに招いたが、これは実現しなかった。しかし、新規業者が表舞台に登場することとなる。それは生産業者、精製業者、流通業者たちだ。

## IX　アメリカでの新たな潮流

ペンシルベニアの独立生産業者と精製業者は結束し、持てる資産を持ち寄って「石油生産製油会社」という会社を作った。この会社は発展し、一八九五年には「ピュア石油会社」という名でトラストを形成し、一四の製油所、五〇万トンの原油と全長三〇〇〇キロメートル弱のパイプライン、そして外国市場に製品を運ぶためのタンカーなど、強大な手段を有することとなった。このトラストは成長を続け、二十世紀に入ってからも重要な独立業者としてこの名を見ることとなる。この最初の数十年のあいだに、この他に何社も誕生したが、その行くすえはさまざまだった。いくつかはささやかな困難に満ちた創業期を過ごしたが、次第に大きく成長してこんにちの石油業界で支配的地位にある大企業グループになった。その他の会社は終焉を迎え、[1]あるいは他社に吸収されて元の名が失われることで忘却の彼方へと消えていった。ペンシルベニア州西部の石油地帯に一八八九年、ガルフ石油の中核となるものが生まれた。この会社は弱冠二十歳のウィリアム・L・メロンが出資し、一族名を冠した家族経営の銀行を経営する二人の叔父、アンドルー・W・メロンとリチャード・B・メロンから財政的な支援を受けた。ウィリアムはきわめて大胆だったが、同時に思慮深い人物でもあった。彼は叔父、とくにアンドルーから、石油産業の基本的性質とスタンダード石油の支配的な地位についての現実的な評価に基づき、石油の発見と生産だけに満足せず、精製と石油製品の販売まで手掛けるべきだとの助言を受けた。ウィリアムはこの助言に従うことで成功を収めることができた。

（1）このような終焉をたどった会社は、ユナイテッド石油会社（一八九九年）、アソシエイティッド石油会社（一九一〇年）、インディアン石油精製会社（一九〇四年）、アメリカン・オイルフィールド社（一九一〇年）などがある。

生産設備やパイプライン、精製所（とくに輸出用に使われた大西洋岸マーカスフックの石油精製基地）が建造されたが、過酷な競争に対してきわめて困難な状況を強いられた。三年から四年のうちにメロンは約二一〇〇万ドルの投資を行ない、アメリカの輸出取引の一〇パーセントを占める規模の総合的な石油事業を築きあげた。だが、当時は経済状況全般が憂慮すべき状況にあり、石油産業はとくに打撃を受けていた。この不利な状況にあったメロンは一八九三年、「抗せない」ほど強大になり、なおも発展を続けるスタンダード石油に全権益を売却することを決定した。

だが、その七年後にメロン一族は多額の資金援助を得て石油産業に再び参入する。どういう経緯があったのか、これから説明しよう。

パティロ・ヒギンズは、独力でやってきた素朴な男で、一つの固定観念を持っていた。テキサス州南部の小さな集落、ボーモント近郊のスピンドルトップと呼ばれる丘に採掘するに値する石油鉱床があると信じていた。採掘のために彼は「グラディスシティ石油ガス製造会社」の登記を行なったが、とても美しいレター用紙のほかには何の資産もなかった。

一八九三年、この時代に使われはじめたロータリー採掘法により、テキサス州北部のコーシカーナで小さな油田が発見された。これがテキサスで発見された最初の油田である。この発見に刺激を受けたヒギンズは採掘を実行に移したかったが、そのための資金がなかった。財力があり、作業を監督できるパートナーを捜すため、彼は雑誌に広告を出すことにした。それに応じたのはダルマティア地方〔オーストリア・ハンガリー帝国領、現在はクロアチアの一地方〕出身で、アメリカにおける岩塩ドームの採掘経験が豊かな、アンソニー・F・ルーカス海軍大佐ただ一人だった。ヒギンズと合意したルーカスは一八九九年に仕事に取りかかったが、乏しい財源はすぐに底をついた。彼はピッツバーグへ向かい、昔から石油探鉱に携わっていた地質学者で掘削技師でもあるジェームス・ガフィーと石油取引仲介人のジョン・ゲイリーの二人に助けを求め、ゲイリーが資金協力の条件を定め、メロンからの三〇万ドルを限度とする財政支援を取り付けた。スピンドルトップでの石油採掘は一九〇〇年秋に着手されてクリスマスまで続けられ、伝統的な休暇ののち、一九〇一年一月一日に再開された。その一〇日後、削岩機が深さ約三〇〇メートルに達したとき、予期せぬ出来事が起こった。重さ数トンもする採掘管の円柱が空中に放りだされ、油井やぐらを壊しながら噴出した。また、ガスと石油が勢いよく噴出して、岩石や土砂、砂塵が吹きあげられた。それは忘れられない、途方もない光景だった。コーシカーナの油井は日量二五バレルから三〇バレルだったが、「ルーカス油井〔ルーカス・ウェル〕」と名づけられた油井は日量数万バレルと爆発的な生産量になり、ときならぬこの生産量を制御し、文字通りの洪水を止めるには数週間を費やした。

もちろん、この発見によって近隣の土地に空前の投機ブームが引き起こされた。油井やぐらがお互い触れるほどに立ち並んだ。ボーモントの人口は五倍に膨れあがり、原油の生産量も当然増加したが、それに見合った販路は開けていなかった。当然のことながら、その結果がすぐに跳ね返ってきた。その年の夏になると、石油の価格は一バレルあたり数セントの水準にまで暴落した。これは四〇年前のペンシルベニアでの事態の再現であり、まったく同じことがさらに三〇年後にはここから数キロメートル北に位置する「イーストテキサス」でも繰り返されることとなる。ルーカスによる油田発見のニュースはアメリカおよび全世界、少なくとも石油業界には瞬時に広まった。スタンダード石油はもちろん提示された底値から利益を上げようと買い占めのためテキサスにタンカーを派遣した。だが他社も同様に関心を示しており、とくにマーカス・サムエルは石油資源の供給を多様化して、ロスチャイルドのロシア産石油への完全な依存から脱却しようと考えていた。そのためサムエルは一五年間にわたって生産量の半分を一バレルあたり二五セントで買い取ることと、最低でも一五〇〇万バレルの買い取りを確約した。この契約の履行は、あとに述べるように石油生産の運次第だった。ボーモントの発見によって、メキシコ湾沿岸とさらに北部にあるテキサス州からオクラホマ州での石油探鉱が活発となり、オクラホマのタルサ近郊の有名なグレンプール油田を筆頭にいくつもの大油田が発見された。しかし、時折自然は石油業者たちを困った事態に突き落とす。ルーカスとその協力者たちは苦い経験から次の事実を認めた。一年半のあいだ並はずれた生産量を誇ったスピンドルトップを掘り尽くしてしまったのだ。いかにして投入した資金を回収すればいいのだろうか。いかにしてマーカス・サムエルとの供給契約を履行すればいいのだろうか。最初の掘削作業に三〇万ドル、そして開発のために数百万ドルを投資したメロン一族が、実際のところ、この事態で最も大きな打撃を受けていた。ウィリアム・メロンは状況を見極め、必要な指示を出すため当地に急行した。彼の出した結論は明確で、これまでの方針を改め、石油事業を統合的に開発するというものだった。豊富な資金投入によって、メキシコ湾岸のポートアーサーに大製油工場を建設し、全長七〇〇キロメートルに及ぶ大口径のパイプで工場とオクラホマの油田地帯、とくにグレンプール油田とを結び、強固な商業基盤を構築した。全体を効果的に連携させるため、資本金一五〇〇万ドルの「ガルフ石油会社」を新たに設立してニュージャージー州に登記し、その後は国際的に大きな事業を押し進めることとなった。「ルーカス・ウェル」の大噴出から二カ月後、テキサスの製油業者ジョセフ・S・カリナンとニューヨークの銀行家アーノルド・シュラットがそれぞれ二万五〇〇〇ドルずつ出資して「テキサス燃料会社」を設立した。資金不足のためにその滑りだしは緩慢だったが、独自の組織を持った新たなパートナーが現われた。それは資本金三〇〇万ドルの「テキサス会社」であり、この会社が新たな推進力を与えつつ、テキサス燃料会社を吸収した。次第にガルフ石油に隣接するポートアーサーの製油工場、原油備蓄や製品流通のためのパイプライン建設とともにもともとの中核機構は一つに統合されて展開していき、その販売網は当初から「テキサコ」の商標とテキサスの赤い星を用いていた。アメリカ国内全域を押さえたあとで、このグループは海外市場にも進出し、以後、本書でもさまざまな局面で登場してくる。

他にもたくさんの企業が十九世紀末から二十世紀初頭に誕生し、その多くは石油の探鉱と生産に留まっていたが、いくつかの企業は他の領域へと事業内容を拡げていった。なかでもI・E・ブレークが設立したコンチネンタル石油やピュー家の勧めによって作られたサン石油など、いくつかは大会社となった。これらの新規参入企業はすべてアメリカで発展し、スタンダード石油の圧倒的な権力に対抗して戦っていた。一方で、マーカス・サムエルはスタンダード石油の青い包装に対抗して赤いドラム缶に入れた自社製品を東洋全域で熱心に広めた。加えてスマトラに新たな石油生産地域が発見され、この地で試練と困難をくぐり抜けたのちに輝かしい未来を手にする新会社、ロイヤル・ダッチが誕生する。

一八八〇年頃、オランダ人のタバコ栽培業者だった、A・J・ジルケルは粘りのある強い臭いを放つ液体が近所のあちこちに溜まっているのを見かけた。彼はその液体を見本として採集した。分析の結果、それが石油であると確認された。まず彼は地元ランカットの君主から採掘権を獲得して必要な採掘設備を集め、石油採鉱に乗りだした。最初の油井は一八八五年まで操業が開始されなかった。会社経営は非常に困難な状態にあった。ジルケルの限られた資産で、とりわけ過酷な自然環境に立ち向かわなければならなかったからだ。だが、有力な協力者が現われた。オランダ領東インドの元総督、中央銀行、そしてオランダ国王ギィヨーム三世までもが、この計画を検討し、成就させるために一八九〇年に設立する会社の後ろ盾となってくれたのだ。これが資本金約一〇万ポンドの「ロイヤル・ダッチ会社」である。しかし、一八九二年に極東への帰路で急死したこの会社の創設者は、輝かしい未来を見ることはなかった。株主たちは会社の後継者として、この不幸な状況下で一時的にオランダに戻っていたオランダ領東インドの退役軍人ジャン＝バチスト・オーギュスト・ケスラーに託すこととした。彼は不屈のエネルギーと少々のことには負けない気丈さを持っていた。そのどちらも、厳しい地域でロイヤル・ダッチを無秩序、欠乏、資金不足、断続的な損失といった状況から救いだすために必要なものだった。それには五年から六年を要した。スマトラの沼地から原油を輸送、精製、流通して、東洋のかなりの地域で販売する。

これを成し遂げた組織は、数年後にはスタンダード石油の経営陣から賞賛された。実際、一八九一年にスマトラを訪問した際、スタンダード石油側の人びとは次のように表明している。「二つの会社は同程度に傑出しており、それぞれの経営者たちが誰にとっても損のない協力関係の道を探ることができるはずだ」。極東全域で事業を展開しようと努めていたマーカス・サムエルは、ロイヤル・ダッチの誕生とその成長を目の当たりにして不安を感じないわけではなかった。それでも彼はケスラーとの個人的な友好関係を保ち、彼らが結束して努力すれば、互いをつぶし合うような競争はおそらく避けられるだろうとケスラーに理解させた。

誰もが予想するように、スタンダード石油はこの状況下で手をこまねいていたわけではない。一八九七年夏に「外務大臣」であるW・N・リビーをケスラーとの面会のために派遣し、ロイヤル・ダッチの資本金を四倍にすることを提案した。そのためにスタンダード石油は増資分を引き受ける準備があるが、そうするとロイヤル・ダッチを支配下に置くことが可能となる。交渉相手が企業の自主経営を尊重すると約束したにもかかわらず、ケスラーはこの提案を拒否した。それは、定款に従って「重役会」の「多数決」で自由に裁定できる優先株の枠を設けるという保護措置を講じる機会でもあった。

## X　サムエルによる石油探鉱の開始

マーカス・サムエルは、市場に送りこむ商品としてはロスチャイルドのロシア産石油しか持っていなかった[1]。彼はオランダ領東インドで運を試そうと決めて、数年前に採掘権を得ておいた土地の探鉱のため、一八九六年末にマーク・エイブラハムズを現在はカリマンタン島と呼ばれているボルネオ島の東部に派遣した。地理的、気候的条件はいずれも過酷なものだった。作業に携わる者たちの死亡率は高く、ジャングルを横断する物資の補給業務は、たいした港湾設備のないことで途絶えがちだったが、こうした困難はロンドンにはほとんど伝わっておらず、マーク・エイブラハムズは充分に支援されていたとはいえない。しかし、本当に彼の熱意と粘り強さに報いる成功が訪れた。石油が一八九七年に発見され、生産可能な新しい油井が数年のうちに完成した。ボルネオ島南東部のバリクパパン近郊には、小さな精製工場も建てられた。極東で石油事業が進展したこの時期、マーカス・サムエルはライバル会社、とくにスタンダード石油に対する地位と、ロスチャイルドをはじめとする原油と石油製品の納入業者に対する地位を強化するため、石油取引に関係のある手段と事業を包括的な組織として一つの会社にまとめあげることにした。

(1) スピンドルトップの石油は、すでに尽きていたからである。

## XI 「シェル」の誕生

父が始め、若き日に自分が引き継いだ貝殻取引にちなんで、サムエルは新会社を「シェル・トランスポート・アンド・トレーディング会社」と名づけた。こうして会社組織が形成されたが、その規模の大きさがロシアの業者、とくにロスチャイルドとの石油買い取り契約の更新の際に役立つこととなる。十九世紀末のこの時期に急速に発展した市場は、安定価格をうまく利用したこの会社の地位を高め、ボーア戦争〔一八九九年に発生した南アフリカでの戦争〕によってさらにその地位が固まった。しかし、これほどの好状況はけっして長続きしない。一九〇〇年の後半に風向きが変わった。ロシアを襲った経済危機はとりわけ農業に打撃を与え、国内の石油市場は大暴落した。ロシアで販売不振に陥った灯油は外国市場で売りに出された。その結果、国際市場で価格圧力を強めてしまう。スタンダード石油は義和団の乱で商業活動が混乱していた中国を含めた極東をはじめとする市場のシェアを手放すつもりなどまったくなかった。だが、マーカス・サムエルは事態が悪化していくのを黙って見ているだけの人間ではなく、一喜一憂しながらも、周囲には貴族的な体面を保って、冷静に事業に励みつづけた。

ケスラーが経営するロイヤル・ダッチはスマトラ島での事業を進めていた。一八九七年十二月末、新タンカー「スルタン・ド・ランカット〔ランカット王〕」号の到着に際して、ランカットの君主みずからが後援して特別に祝賀行事が執り行なわれたが、これはロイヤル・ダッチの成功を記念する出来事だった。ところが、祝賀の提灯がまだ消えないうちに、経営陣を落胆させる事件が起きた。生産された石油のなかに油田枯渇の前兆である水が混ざりはじめたのだ。何をすべきなのか。代わりの生産地を見出さねばならない。しかし、直近の掘削調査はすべて徒労に終わっていた。失敗の知らせは遠くオランダにまで届き、株主はパニックに陥った。それでも、このグループ内で輝かしい経歴を得ることとなる若きエンジニア、フーゴ・ルードンの指示で、石油探鉱が続けられていた。ルードンは元の生産地点から一〇〇キロメートル北上したところに産油量の多い場所を発見し、事態の回復に成功した。しかし、ロイヤル・ダッチは一八九九年十二月に社長のケスラーをヨーロッパへの帰還途上での急死という形で失って、新たな試練に直面することになる。

## XII　デタ－ディングのロイヤル・ダッチへの入社

重役会はケスラーが数年前の一八九六年五月に雇った三十五歳の男を彼の後任として任命した。それが、ヘンリー・W・デターディングである。

彼は以後四〇年間にわたってロイヤル・ダッチの偉大な中心人物として君臨したが、さながらロックフェラーの再来だった。この並はずれた人物と、彼がロイヤル・ダッチに入ることになった状況について、紙面を割くことにしよう。

デターディングは一八六六年四月十九日、アムステルダムで生まれた。五人兄弟の四番目であり、六歳で父を亡くし、その後は彼に大きな影響を与えた母の手で育てられた。学校には長く通わず、十六歳でトゥウェンチェ銀行〔現在のオランダ銀行〕に入行するとすぐに数字を操り、数字の持つ経済的な意味を理解する、並はずれた能力を示した。数年後には古くからあるオランダの金融会社、「オランダ貿易会社」の選抜試験に合格してオランダ領東インド担当のポストに就いた。一八九〇年にロイヤル・ダッチが財政危機に陥った際にケスラーと知り合い、デターディングはロイヤル・ダッチが生産する原油を担保とする貸し付けを行なってケスラーを助けることさえした。若きデターディングの想像力とバイタリティー、そして勤勉さを高く評価したケスラーは、この才能あふれる若者が自社の経営陣を充実させる人材だと考えるようになった。激務をこなし、さまざまな事柄に関する現実的な見通しを得て、問題点を単純化して最低限のデータに還元することが、デターディングの示した成功のための条件であり、彼は晩年に自身が出世した理由をこう説明した。彼がロイヤル・ダッチの経営に携わりだしたころ、この会社は小規模で脆弱だった。ロイヤル・ダッチには流動資金が不足しており、そのうえこの地域で操業している他の石油企業、なかでもライバル企業をつぶすためには価格力の行使も厭わない、スタンダード石油との競争に直面していた。その困難な経験から、デターディングは生涯を通じてずっと守りつづけた一家言を引きだした。すなわち、会社間の競争は価格の「安売り」ではなく、製品やサービスの品質によってもたらされるべきだという考えだ。石油産業の発展のためには安定性が必要なのだ。彼はまた、提携や協力関係が可能だとも信じていた。とくにスタンダード石油のような巨大なライバルに直面したときこそ、団結は力となるのだ。どのように彼がこの経営哲学を実践していったか、それは次節で見ることとしよう。

## XIII シェルとロイヤル・ダッチが接近を試みる

二十世紀初頭、ロイヤル・ダッチとシェルは極東で激しい競争関係にあった。両社の経営者はきわめて異なった気風で権力を行使していた。マーカス・サムエルは外見や社会的地位を重視したが、デターディングはとくに商業的な成功に執着し、影響力に対する指向が強く現われていた。両者が向き合っても、おそらく相互理解は不可能だっただろう。協力関係への困難な道のりにおいて二人を引き合わせるためには、あいだに立つ人間が必要だった。かつてマーカス・サムエルとエドモンド・ロスチャイルドの仲を取り持った経験を持つフレッド・レーンがこの状況が求める賢明かつ巧妙な「仲介者」だった。

レーンの介入は急を要し、かつデリケートなものだった。事実、一九〇一年十月にマーカス・サムエルは「意見交換」のためにスタンダード石油に招かれた。このとき、両者はサムエルの帝国に対する評価について合意に至ることができず、物別れに終わった。それゆえデターディングとの交渉は真剣さを帯びたものとなった。それでは、どのような協力形態を目指せばいいのだろうか。サムエルは単なる商業的な協定を、デターディングは組織の統合を目論んでいた。レーンは後者を推した。つまり、生産調整を含むすべての面での協力が実際に必要不可欠であるように思われ、レーンはその方向で交渉を進めていくことにした。だが、その協定は調印に至らぬままとなっていた。スタンダード石油が再度サムエルに四〇〇〇万ドルを支払う代わりに自社にシェルを統合し、サムエルを上級幹部として迎えいれるという提案をしてきたからだ。一族からその提案を受け入れるよう強く勧められたサムエルは数日間にわたって熟考した。その間デターディングが作成した協定案の修正を、レーンがサムエルに示した。彼は速やかに検討したのち、それに調印する旨を最終的に宣言した。一九〇一年十二月二十七日のことだった。その夜のうちに、スタンダード石油に対して交渉を打ち切ると通知した。デターディングは新たに作られる「シェル・トランスポート・ロイヤル・ダッチ石油会社」の経営を自分が握ることをサムエルに了承させた。サムエルは取締役会の会長、デターディングが社長に就任することとなる。だがサムエルは商業的にはロスチャイルドの提携先でもあった。ロスチャイルドをデターディングとの協定の外に置いたままにはできず、それはデターディングも同意見だった。最終的にサムエルは次の案に達した。ロスチャイルドの権益を、新たな三者間協定によってシェル・ロイヤル・ダッチを上まわる規模の新会社、「アジアティック石油会社」[1]に統合する、という案だ。この協定では新たに組織された会社におけるそれぞれの利益分配に関する原則を定めていたが、さらに運営方法や意志決定方法、個々の役割を明確にする必要があった。一九〇二年秋、マーカス・サムエルは基本的に名誉職だったロンドン市長に就任し、公式行事に追われて石油事業から目を離していた。その間にデターディングはいまや株主となった三つの利益グループの統合計画と、それらを運営する組織作りを推し進めた。三社の協議体制を前提とするこの作業においては、当事者間の関係は緊張を強いられたが、それは利害対立と言うよりも異なる性格による行動様式の違いに起因していた。レーンはサムエルが職務に熱心に取り組まず無関心であると非難したうえでシェルの取締役会を辞職し、アジアティック石油を経営するデターディングの補佐役となった。

（1）ロスチャイルド家はロシアでの生産権を維持した。

## XIV　ロイヤル・ダッチとシェルの完全統合に向けて

デターディングの庇護を受けて方策の全般的な調整が図られたが、それぞれの会社の日常業務においてはまだ距離があった。実際に、ロイヤル・ダッチはシェルより早いスピードで進んでいた。次第にマーカス・サムエルはグループ全体の統合だけが、いずれ訪れるであろう組織の崩壊を回避するどころかその強化を確実にする方策だと理解した。サムエルはデターディングにこの案を伝えたが、自身の力がロイヤル・ダッチの現在の地位を得る原動力だったと自覚しているデターディングは、統合された新会社の株式の過半を持ちたいと要求した。マーカス・サムエルはこの要求に慣れるのに多少の時間を要したが、自分の権利が保護されるという確約が得られたので、最終的にデターディングの考えを受け入れることとなった（一九〇七年）。

こうして世界最大のロイヤル・ダッチ・シェル・グループが生まれた。このグループは、ロイヤル・ダッチ会社とシェル・トランスポート・トレーディング会社という二つの会社を存続させたまま、ロイヤル・ダッチが六〇パーセント、シェルが四〇パーセント出資した「持ち株会社」となった。イギリスとオランダの利益が密接に結びついたこの会社は、両国内に本社を設置し、世界中のグループの全拠点に両国の旗を並べて掲げた。[1]サムエルはグループの初代会長に就任し、初代社長のデターディングは技術面をオランダ人のフーゴ・ルードン、商取引の面ではロバート・W・コーエンから補佐を受けた。サムエルは一〇年間会長職に留まり、デターディングは三〇年近くにわたってそのグループを実質的に経営した。マーカス・サムエルとロスチャイルド家[2]の利益と同時にロイヤル・ダッチの利益をも統合した新しい会社は、いまだに圧倒的な強さで石油業界を支配しているスタンダード石油と渡りあえる力をようやく得た。至るところに存在しているスタンダード石油には、どこでも好きな場所で価格による攻撃を始め、主要な市場であるアメリカ市場においては反撃に身を晒すことなく、非アメリカ系のおもだった競争相手を衰弱させることが可能だった。それゆえにデターディングはアメリカに切りこんでいかねばならなかった。ロイヤル・ダッチ・シェル・グループ誕生の翌日に敢行した出張中に、到底受け入れることのできない吸収合併以外には、スタンダード石油とのいかなる合意も不可能だと理解しただけに、彼はますます全力を傾けた。アメリカ市場への参入は二段階で行なわれた。まずカリフォルニア州にオランダ領東インドからの輸入ガソリンの流通網を構築し、石油の採掘権と生産権を取得した。ついでオクラホマ州に数社の独立生産業者を傘下に置いて、新会社のロクサナ石油へと集約させた。こうしてロイヤル・ダッチはアメリカでの事業拡張を支える確固たる拠点を持つに至った。その一方で、ロシアにおける活動はロシアの社会情勢と政治的状況が次第に悪化していくことに起因する大きな困難に直面していた。暴動、反乱、暴力的なストライキは二十世紀初頭から激増し、石油関連施設は大きな損害を受けた。これまで生産コストが安かったロシア産石油は安い原価という利点を徐々に失い、潤沢だった外国からの石油事業に対する投資も減少していった。[3] 投資家たちはむしろルーマニアに投資するようになり、スタンダード石油やロイヤル・ダッチのみならず、ノーベルやロスチャイルドと手を組んでヨーロッパ石油連盟を設立したドイツ銀行までが参入した。黒海北部のマイコープ、グロズヌイという重要な石油鉱床が新たに発見され、石油業者にとってはロシアにおける事業はいまだ終わってはいなかった。

(1) 投資対象たる二つの中間会社が設立された。ハーグに本社を置き、石油生産と精製を行なうバタビアン石油会社と、ロンドンに本社を置き、運送と貯蔵を行なうアングロ・サクソン石油会社という二つの新会社が完全子会社として設立された。やはりロンドンに拠点があったアジアティック石油は原油および石油製品の貯蔵と入出荷の調整業務のために存続していた。

(2) このグループに統合されたロスチャイルド家の権益の対価はアジアティック石油の株式の三分の一だったが、その株は一九一七年にグループによって買い戻された。

(3) ロシア当局は堕落して無能な存在と化しており、また、日露戦争がロシアの大敗によって終結してこの国の疲弊と失望が加速したことで、ロシア国家の財政状況はひどい状況に陥っていた。労働者の生活環境も劣悪だった。それらのことはロシア南部でとくに顕著だった。石油産業の本拠地だったカフカス地方は、イスラム教のタタール人とキリスト教のアルメニア人による民族、宗教紛争をも抱えこんでいた。こうした状況が革命の動乱に対して有利に作用したのは明白だった。革命の動乱は一九〇三年にロンドンで開かれた社会民主党大会での分裂に端を発するボルシェビキ運動に扇動され、ロシア全土で非常に深刻な暴動を計画した革命的指導者によって統率された。この指導者たちは、のちにソビエト共産党幹部として名声を得たヨシフ・ジュガシビリ（スターリン）、ミハイル・カリーニン、クレメンティ・ヴォロシーロフといった人びとによって支配されたのは周知の事実である。

ロイヤル・ダッチ・シェルは、一九一一年から一二年にかけて、ロイヤル・ダッチあるいはシェルの株式と引き替えにロスチャイルド家が有するロシアにおけるすべての石油事業関連の利権を獲得して、さらに新たな発展の第一歩を踏みだした。そしてロスチャイルド家は両社にとって重要な株主となった。その代わり、この取引でロシアの石油を今まで以上に支配できるようになったロイヤル・ダッチは、石油資源をオランダ領東インドが五三パーセント、ルーマニアが一七パーセント、ロシアが二九パーセントと、かなり釣り合いが取れた形で配分することが可能となった。だが、一九一七年のボルシェビキ革命も手伝って、ロシアの衰退はその後も続いた。

## XV　石油市場を覆した技術革新

石油の工業的生産が始まった直後から、石油は居宅や企業の照明源として不可欠なものとなった。その二〇年後にはガス灯が街灯の分野で競合するようになった。一八八二年頃、エジソンは新しい照明システムのデモンストレーションを行なった。それに用いられた白熱電球は驚くほど効率の高いものだった。安全で容易に使える白熱電球はとくに電気が供給されるようになった場所から石油ランプを破竹の勢いで淘汰していった。石油は市場のかなりの分野を失う危険性があったが、別の発明、つまりガソリンと軽油に新販路を開いた火花による着火エンジンとその変化型であるディーゼルエンジンが発明されて、石油の新たな出発が可能となった。

自動車[1]はほとんど発売開始と同時に電撃的に成功した。内燃機関用燃料の消費は自動車の発展とともに伸びた。さらに建物の暖房用のみならず、船舶や機関車などにも重油が用いられるようになり、補完的な市場から急速に中心的な市場へと転換していった。

（1）フォードは一八九六年に初の自動車を製造したが、それとほぼ同時期にパナール社とド・ディオン・ブートン社がフランスでも独自の自動車を世に出した。

## XVI　スタンダード石油、持ち株会社になる（一八九九年）

一八八二年一月に採用されたトラストの形態は、世論と多くの政治家からスタンダード石油はトラストによって市場の有利な立場を濫用しているという批判を浴びた。アメリカ連邦議会は一八九〇年にトラスト制度の利用を厳しく規制する、有名なシャーマン法を制定した。その代わり、このときまで禁じられていた持ち株会社の制度が多くの州で認められるようになり、スタンダード石油はグループの連携を確実にするために、この制度を取り入れた。こうして一八九九年に、当時の約七〇社（生産関係三社、精製関係九社、パイプライン関係一二社、鉄道輸送関係一社、流通関係六社、天然ガス関係一〇社、海外会社一五社およびさまざまな出資者）[1]をすべて傘下に集約した「ニュージャージー・スタンダード石油会社」グループが設立された。いくつかの局面で激しい非難の対象、ときには私人や検察が開始した訴訟の標的となることさえあった経済的競合という状況下において、この帝国はかなりの努力と骨の折れる手続きから生まれた。ロックフェラーは持ち前の冷静さにもかかわらず非常な気苦労をし、それが健康状態にも悪影響を及ぼした。他方、これまでに築いたかなりの資産で、彼が個人的に取り組もうと思っていた数多くの慈善団体や財団を設立することができた。それゆえ彼はビジネスから手を引き、グループ全体の指導者としての権力を別の者に譲り渡すことにした。そして一八九七年、彼はまだ六十歳にはなっていなかったが、グループの経営を役員の一人だったジョン・D・アーチボルドに託した。彼は石油業界のベテランだった。独立系ブローカーを振りだしに、タイタスビルの石油市場の書記官となった彼はサウス・インプルーブメント会社をめぐるスキャンダルが発生したときにはロックフェラーを激しく攻撃したが、一八七五年以降はロックフェラーの疲れを知らない協力者だった。支配的であると同時に柔軟な性格のアーチボルドは、きわめて素早い決断力と人並みはずれたユーモアのセンスにあふれた知性を発揮した。こうして彼はスタンダード石油の社長として新たな責務を両腕にしっかりと受け止めた。ロックフェラーは取締役として事業に携わり、会長職に留まった。世間から見れば、ロックフェラーの名は過去の回顧記事のなかに見られるだけでなく、この石油グループと公権力が対立した長く辛辣な戦いのなかではずっと、スタンダード石油と一体視される名だった。それでも、毎日の心配事から解放された彼は心身のバランス、充分な睡眠と健康を取り戻し、まさに厳格な生活を送った。困難を耐えしのぐ彼の能力は、二十世紀初頭の闘いで厳しい試練にさらされることとなる。豊富な天然資源や新たな発明の活用、そして、新たに西部地域の経済的な掌握を可能にした鉄道建設のおかげでこの数十年のあいだに産業が発展したが、結果として経済や資本の集中を招くことになり、その行き過ぎは新聞や文学作品によって暴かれた[2]。経済的、社会的改革の必要性を説く一大キャンペーンはこうして世論を動かし、政界の支持を得るに至った。このキャンペーンにおいて、スタンダード石油は最も攻撃された標的の一つだった。

（1）二三の製油所を持つニュージャージー・スタンダード石油会社グループは、アメリカの原油取扱量の八四パーセントと灯油生産の八六パーセントを支配していた。流通分野のシェアも非常に大きなものであり、一八八〇年には八五パーセントから九五パーセントの石油製品、一九一一年になってもなおガソリンの六六パーセント、灯油の七五パーセントを取り扱っていた。原油生産部門の占有率はそれほど高くないのがつねで、十九世紀末には約三三パーセント、その一〇年後になると一四パーセントに過ぎなかった。一九〇〇年、J・D・ロックフェラーがスタンダード石油の株式の四二・九パーセント、同じグループの一五の株主が三九・五パーセントを所有していた。一九一一年に株主の総数は六〇〇〇に上ったが、J・D・ロックフェラーが二四・九パーセント、他の一〇社の主要株主が三七・七パーセントの株式を保持していた。一九〇〇年から一九〇六年にかけての年間利益は純資産の二〇パーセントから二七パーセントに達し、これは同時期の一般的な工業部門の二倍以上だった。一八九三年から一九〇一年の配当金の総額は二五億ドルに達した。

（2）その例として、以下を挙げることができよう。フランク・ノリスはアメリカ西部の小麦生産業者が鉄道会社から抑圧されたことを『オクトパス』〔邦訳『オクトパス　カリフォルニア物語』（八尋昇訳）、彩流社、一九八三年〕で、シカゴ株式市場における投機家筋の不吉な動きを『ピット』で描写している。また、セオドア・ドライサーは資本家の無遠慮で限りない野望を『フィナンシエ』で告発した。さらにアプトン・シンクレアはシカゴの食肉業者によるトラストの濫用に対して『ジャングル』〔邦訳『ジャングル』（木村正史訳）、三笠書房、一九五〇年〕で激しく抗議している。

## XVII　スタンダード石油の支配力を弱めることができるか

世界中の知識人、経営者、政治家たちのあいだで有名な『マクルアズ』誌が端緒を開いた。編集長のアイダ・ターベル(1)は華々しい記事ですでに名を知られていたが、スタンダード石油を例に取り、「財源を組み合わせたり、統制したりしているこの産業の経営者たちが模範とする基本原則を明確に示す」ことを決意した。そのため、スタンダード石油とその組織、経営手段、設立や経営に関わった人びと、彼らの行動がスタンダード石油自身、同業の競争者、消費者、そして社会一般にもたらした良い結果や悪影響に関する徹底的な調査を開始した。

（1）ターベルはタイタスビルで生まれ育ち、独立系の石油生産業者、精製業者とスタンダード石油のあいだにおける激しい闘いを直接見聞きした。これが彼女を深く揺り動かした。

こうして、スタンダード石油の全史が毎月掲載され、二四回にわたる連載は一九〇四年十一月に『スタンダード石油会社の歴史』という一冊の巨大な本にまとめられた。この連載とそれに続くこの本はきわめて強烈な成功を収めた。アイダ・ターベルが明らかにした事実は人びとの心を強く打ち、政財界のきわめて多くの人びとに強い印象を与えた。一九〇〇年の大統領選挙運動のころから、ウィリアム・マッキンレーは、産業界の実力者たちが極端な支配力を濫用していたのに対して、その抑制策を探ることに関心があるとすでに公言していた。一九〇一年にマッキンレー大統領が暗殺されたのち、その後継者となったセオドア・ルーズベルトは、この問題を再び取りあげて発展させた。ルーズベルトの心中では、スタンダード石油が最優先の標的だった。綿密な調査が開始され、取引制限や価格差別などさまざまな理由で訴訟も始まった。セントルイス連邦裁判所での重要な訴訟は長期間に及んだ。この裁判には検察側も被告側も数多くの弁護士を投入した。一九〇九年、連邦裁判所は行政側に有利な判決を下し、スタンダード石油の解散を命じた。スタンダード石油はただちに最高裁判所へと控訴し、訴訟は二年以上続いた。最終的に一九一一年五月、最高裁判所のエドワード・ホワイト長官は連邦裁判所の判断を支持する判決を下した。グループ解散命令が確定し、スタンダード石油は三三の直結子会社の支配を断念し、これまで所有していた子会社の株式を自社株主に配分せざるをえなくなった。解体命令では、地区ごとに独立会社となった各社に、「スタンダード」の名やスタンダード石油の頭文字である「S・O」の発音から生まれた「エッソ」の名を用いる権利がきわめて厳格に定められた。

ロックフェラー・グループの分割の結果生まれた三四社の行くすえは非常に多様なものとなった。五社は消滅し、八社は化学製品や化粧品といった他の事業に転向するか輸送業務に特化した。大部分（二一社）は再度グループの形を取るようになり、その多くは他の石油会社を支配下に置くことで、こんにちも世界的規模で市場を支配しているきわめて重要な企業体を形成していった。[1] 最高裁の判決により、その後の石油産業の展開と、商戦を勝ち抜く方法が根本的に修正された。つまり、この判決はスタンダード石油の独占的な支配力を縮小したが、反対に石油産業がより活発になり、さらに発展させる原動力となった。各グループの才能ある多くの若者たちは「ブロードウェー通り二六番地」[2] のやや圧制的な後見から「解放」され、独立した組織は大きな推進力を得た。当然、競争は激化した。最高裁の判決は、これまでスタンダード石油限定で用いられていた技術をいわば解放することになった。とりわけ、原油から取りだすガソリンの生産量を著しく増加できる熱分解法によって大発展がもたらされ、自動車の普及に起因して目覚ましく上昇していくガソリンの需要に応えることができるようになった。確かに熱分解法は一八八九年にスタンダード石油に採用された優秀な技術者、ウィリアム・バートンがシカゴに作られた研究所で開発したものだった。

（1）分割された会社の現状は以下の通りである〔本書が出版された時点の状況であり、その後、エクソンとモービルはエクソンモービル、シェブロンはシェブロンテキサコ、アモコとアルコ、BP（アメリカ）はBP（アメリカ）、コンチネンタルはコノコフィリップス、マラソン・オイルとアシュランドはマラソン・アシュランド・ペトロリアムとなっている〕。

| | 吸収した会社数 | 現在の名称 |
|---|---|---|
| ニュージャージー・スタンダード石油会社 | 二 | エクソン |
| ニューヨーク・スタンダード石油会社 | 二 | モービル |
| カリフォルニア・スタンダード石油会社 | 二 | シェブロン |
| インディアナ・スタンダード石油会社 | 三 | アモコ |
| アトランティック石油会社 | 二 | アルコ |

| | | |
|---|---|---|
| コンチネンタル石油会社 | 一 | コンチネンタル |
| オハイオ石油会社 | 一 | マラソン・オイル社 |
| オハイオ・スタンダード石油会社 | 二 | BP（アメリカ） |
| アシュランド石油会社 | 二 | アシュランド |
| ペンズオイル会社 | 四 | ペンズオイル |
| 合計 | 二一 | |

（2）スタンダード石油の本社が一八八五年から当住所に置かれていた。一九一一年にはモービルが本社を置いた。

この研究所（とその特許）はすでに独立していたインディアナ・スタンダード石油が管轄していたので、熱分解法は、とくに元スタンダード石油の構成員だった新会社に対して高額の特許料と引き換えに公開され、こうして熱分解法の工業的な応用が普及していった。[1] 一八九〇年から一九一〇年にかけて、社会に広がる恐れのある危険を減らし、スタンダード石油の組織と支配的地位を弱めるために築きあげられた反トラスト法は、その後数十年間の適用期間を経て、市場独占や、市場に悪影響を与えかねない協定へのあらゆる試みに対して、司法が手にするきわめて有効な対抗手段となった。

（1）スタンダード石油の分割によって生まれた多数の会社の株価が、グループ解散を理由に下落しなかったばかりか急激に上昇していったことは容易に想像できよう。こうして、ロックフェラーのかつてのパートナーたちの資産は顕著に増えた。ロックフェラー自身の資産は解散の一年後には時価で約一〇億ドル、現在の価値に換算すれば一〇〇億ドルと見積もられている。

# 第二章　戦間期
## ――石油産業の国際化とその発展（一九一四～四五年）

石油産業時代の幕開けから五〇年が過ぎたが、それは販路の成長と拡大の五〇年だった。石油ランプ、自動車、工業用や船舶用のボイラー、そして機械用潤滑油に用いられるようになり、結果的には消費量が持続的に増加し、石油の生産や精製、輸送に用いられる技術が継続的に発展し、ますます数が増えてより注文が多くなる消費者に貢献した五〇年でもあった。同時に、国境を越えて石油の採掘から最終消費者に届けるのに必要な全作業を手掛ける大組織が構築され、改良されてきた。頭をもたげはじめていた市場支配への企ては縮小し、増えつづける石油会社間の競争はますます激化し、発展と進歩の重要な要因となった。石油はすでに全大陸で消費されるようになっていた。アメリカで始まった石油生産はアメリカ北東部から多くの地域へと広がり、インドネシアのスンダ諸島とロシアでも始まった。スタンダード石油の解体直後、五〇〇〇万トンほどの世界中の石油需要のうち九〇パーセントをこれら三カ国が供給していた。一〇年間で生産量が倍増するというスピードは長いあいだ続くこととなる。新たにメキシコ、ベネズエラ、中東といった新しい地域でも石油生産が始まりつつあった。本書でその創設を紹介した既存の企業は、これらの地域での冒険を始めとする数多くの成功によってたゆまぬ成長を確固たるものとした。さらに新たな企業も誕生した。アメリカはもちろんヨーロッパ、とくにイギリスとフランスにおいて、既存の大企業と競合関係あるいは協力関係にある新企業が石油の大事業に足を踏みいれようとしていた。本章ではアングロ・ペルシア石油がアングロ・イラニアン石油を経てブリティッシュ・ペトロリアムとなるまでと、トタル・グループの前身であるフランス石油の物語を紹介する。両社は政治的な後押しを受けており、石油会社にとっていわば「約束の地」であることが明らかになった中東を創業当時の活動地域としていた。J・P・ゲティは「もし世界の石油業界で大物になりたいなら、中東にいるべきだ」とかなり後年になってから述べている。一九三五年にイランとなるペルシアでの石油探鉱が始まった二十世紀初頭には、まだそのことは明白ではなかった。

## I　アングロ・ペルシア石油の誕生

ペルシア国内のいくつかの場所では、昔から石油の滲出やガスの噴出が見られたことから、石油鉱床が存在すると推測されており、一八九〇年代にフランス人の地質学者による綿密な研究によってそのことが裏づけられた。当時財政が逼迫していたペルシア政府は、石油探鉱に賭ける開発業者が現われることを熱望していた。いかにして彼らに訴えかけたのだろうか。こうした試みは以前にもなされたことがあったが、自国と競合しうる石油産業がペルシアに誕生することを恐れたロシアからの不穏な圧力によって失敗に終わっていた。策略の裏をかき、有能な開発業者を見つけだすという任務のために、ペルシア国王はロンドンに広い人脈を持つ外交官であり、実業家でもあるアントワーヌ・キタブギ将軍に目をつけた。キタブギはオーストラリアの金鉱で富を築いて帰国していたウィリアム・ノックス・ダーシーというイギリス人をこの計画に引きいれた。ダーシーは積極果敢な人物で、オーストラリアでもそうだったように、リスクを負う心構えを持っていた。ダーシーは石油利権交渉のためただちに代理人をテヘランに送ることを決めた。イギリスの外交筋には段取りを整える準備があった。最終的に一九〇一年五月二十八日、ペルシア国王はロシアの動きを警戒して、カスピ海に近い北部の五地域を除いたペルシアの南半分に位置するいくつかの土地での石油採鉱に合意した。採鉱権を得たダーシーは、二万ポンドの現金と二万ポンド相当の株券に加えて、ペルシア国王の最後の迷いを振り払い、援助を取り付けるため五〇〇〇ポンドを即金で支払わねばならなかった。不安定な国情、行政機関の不備、立ち遅れていたインフラ整備といったことからペルシアでの石油事業は危険だと予測されていたが、ダーシーはこれを開始した。まず、二つの油井の採掘に取りかかり、専門家はその費用を一万ポンドと見積もった。だが実際には四年間で二〇万ポンドが費やされた。その経緯について見てみよう。当初、ダーシーは何の設備も持っておらず、一つの組織をゼロから作りあげる必要があり、手始めに一人の責任者を任命した。それがスマトラ島での採掘経験を持つ技術者、ジョージ・レイノルズである。最初に選んだ場所はあまり良くなかった。そこはペルシア湾の北端から五〇〇キロメートルほど離れたシア・スーリッシュで、アゼルバイジャン州（ペルシア）の中心部に位置する。必要な設備の据えつけには長い時間が必要であり、作業は危険で費用もかかった。極寒の冬と酷暑の夏が訪れるこの荒れ果てた地域は生活条件がきわめて耐え難く、それを不満に思う労働者たちを適切な「贈り物」でなだめる必要があった。石油採鉱は一九〇二年末まで開始できなかった。見込まれた「貯留層」は十一カ月経ってようやく現われたものの、そこにはわずかな石油の痕跡しか見出せなかった。二回目の石油採鉱が着手され、一九〇四年一月に鉱床にたどり着いた。生産に向けた試掘が行なわれ、最初の結果はまずまずだったが、潜在的な埋蔵量が乏しかったため、放棄せざるをえなかった。さらに二つの新たな試掘がペルシア南西側の乾燥地で行なわれたが、ここからは一滴も出なかった。この時点で、石油探鉱計画に割りあてた資金を使い果たしたので、ダーシーはこの難事業の継続のため、新たな共同事業主を見つけなくてはならなかった。イギリス海軍の支持を得ようとした働きかけが無駄に終わったのち、ダーシーと事業上の「仲間たち」は資産家で影響力もあったストラスコーナ卿の後援を受けた支援委員会を作り、ビルマ石油[1]に接触した。かなり逡巡したが、込みいった協議のすえに、ビルマ石油はこの計画を成功させるために設立予定の組合への加入を受け入れた。こうしてダーシー開発会社が組合の活動組織となった。

(1) ビルマ石油は一八六六年に設立され、インド諸国で細々とした石油生産と精製、販売を行なう会社として発展した。イランでの石油生産がインド諸国における自社の石油事業の競合相手となりうるという見通しから、計画への参加を決定した。

ちょうどその一九〇五年から、石油探鉱はマスジェド・イ・スレイマンと呼ばれる、拝火教寺院に近い場所へと移った。ここは石油の埋蔵量は期待できたが、地理的条件、気候、政治環境の面ではきわめて困難な場所だった。[1] まだプロジェクトを任されていたレイノルズは技師、技術者、地質学者、機械技師のいずれをとっても優れており、知性、判断力、可能性を嗅ぎわける高いセンスとともに確固とした威信を発揮する指導者でもあった。

(1) そこはバフティヤル族の支配する地域であり、部族間、家族間の対立によって荒れ果て、分裂していた。

それ以来、石油探鉱に出資したビルマ石油は作業へ直接的に介入をするようになったが、スコットランドにある本社ではレイノルズが現地で遭遇している多大な困難を理解することができなかった。作業期間が数年間にわたったことと経費が予想外の金額になったことで、ビルマ石油は一九〇八年五月十四日付でレイノルズに書簡を送り、一六〇〇フィートの深さに達していた掘削を停止し、まだ石油が見つかっていない場合は油井を閉鎖して放棄するように命じた。興味深いことに、レイノルズは一八五九年八月のドレーク「大佐」と同じ状況に陥ったのだった。その書簡は数週間かけて受取人に届いたが、そのあいだに現地の状況が激変していた。掘削泥水の循環路でガスが発生した。そのことから予想されたように、一九〇八年五月二十六日の未明、油井から石油が噴出して一五メートルの高さに達し、油井やぐらとその周囲にあふれた。このニュースは当然ロンドンのみならずグラスゴーにも弾けるような満足感とともに伝えられた。だが、油井の範囲を明確にし、生産を軌道に乗せ、ペルシア湾の輸出港への輸送といった膨大な業務が残っていた。四箇所の汲みあげ拠点から二〇〇キロメートルに及ぶパイプラインが敷設され、ユーフラテス川とチグリス川が合流する、シャット・アル・アラブ川の河口にあるアバダン島に年間四〇万トンを処理する製油所が建設された。すべてにおいて数年間の時間、そして多額の資金が必要だった。プロジェクト継続に必要な資金を集めるため、新たな組織を設立しなければならなかった。こうして一九〇九年四月に設立されたのが「アングロ・ペルシア石油会社」である。この会社はダーシーから採掘権を譲り受け、これまでのすべての事業による利益も継承した。投資が公募されたが、資金の大部分はビルマ石油とダーシーに、出資に対する報酬として支払われた。ストラスコーナ卿が初代会長に就任し、C・W・ウォーレスが初代社長となった。

　アングロ・ペルシア石油が集めた資金はあっという間に使い尽くされ、再び新たな協力者を見つけねばならなくなった。また、ペルシアで生産されることになる原油と石油製品の販路も作らねばならなかった。最初の輸出は一九一二年三月に行なわれ、アジアティック石油（シェル・グループ）を通じて販売が開始された。実際問題として、独自の販路網を構築するためには時間と新たな資金が必要だった。二人の男がこの問題に決定的な影響を与えた。一九〇四年から一〇年に海軍大臣を務めたジョン・フィッシャー提督と、一九一一年秋にアスキス内閣の海軍大臣となったウィンストン・チャーチルである。彼らはいずれもイギリス海軍の力を向上させ、船の速度を上げさせ、燃料の柔軟な供給ができる艦隊に作り替えた著名な立役者だった。二人は数年にわたる込みいった交渉に最初から最後まで介入し、一九一四年にアングロ・ペルシア石油の将来を左右する二つの重要な決定をするに至った。一つは海軍提督と交わしたきわめて長期間に及ぶ特別価格による供給契約である。同社の将来の収益に応じたスライド制を採用したことで価格面ではさらに優遇された。もう一つは二二〇万ドルの増資に際して、資本金の五一パーセントをイギリス政府が引き受けたことである。アングロ・ペルシア石油は民間企業のような経営が続くことになるが、政府はとくに重要な事項に関する拒否権を有した二人の役員を取締役会に送りこんでいた。こうして政府は同社が部外者の手に落ちないように手を打った。

その数カ月後に始まることになる第一次世界大戦は、海軍による制海権を確保するためには、柔軟性と巡航の速さの鍵となる確実かつ多量の石油供給手段を手中に置くことが重要だと理解していたフィッシャー提督とチャーチルの先見の明を証明した。石油はこうして各国の国際政治に関わりを持つ、戦略的物資になった。

## Ⅱ　一九一四年から一九一八年の戦争〔第一次世界大戦〕

第一次世界大戦が勃発したころ、当時の軍隊はほとんど自動車化されていなかった。しかし、自動車の導入は大戦中にきわめて速いスピードで進展していった。輸送の大部分において自動車が軍馬に代わって用いられるようになった[1]。当初はほとんど用いられず、偵察のためだけに使われていた航空機は、攻撃に用いられるようになった。内燃機関の存在が、一九一六年のソンムでの戦いで登場した「戦車」をもたらした。そして、ディーゼル機関で潜水艦が目覚ましく発展し、恐るべき海軍力となった。このため、一日あたりの石油消費量は軍事活動がピークに達した一九一八年に最高値を記録した。ところで、この石油はほぼ全部がアメリカ産だった[2]。〔潜水艦による〕海底戦の開始によって麻痺してしまう。だが、連合国のおもな三カ国がそれぞれ設置した連絡機関と密接な協力関係にあった石油軍需委員会のもとに編成された石油会社が石油供給に尽力することとなった。すべてが見事に調整されたことによって民需と軍需が満たされ、戦争にも勝利した。戦争中に石油が持っていた重要性から、連合国石油会議議長のカーゾン卿のよく知られた「連合国は石油の波に乗って勝利へと運ばれたのだ」という不躾な発言や、〔フランス石油総合委員会の委員長でもある〕アンリ・ベランジェ元老院議員が演説の締めくくりに語った「大地の血は勝利のために流された血でもある」という発言が生まれた。

(1) 終戦間近、連合国軍は約二五万台の地上自動車部隊と一万機の飛行機を投入していた。
(2) アングロ・ペルシアによる生産量は依然一〇〇万トンに達していなかった。

## Ⅲ　第一次世界大戦後の石油と外交

大戦中、石油の逼迫状態にひどく悩まされたフランスは、休戦するとすぐにフランス系企業を介して、自国の需要を適切に満たせる原油源を直接掌握することに専心した。一九二〇年四月二十四日のサン・レモ協定における英仏間の合意が、その行くすえを左右する決定的な局面となった。協定では、メソポタミアの石油地帯で民間企業が事業展開してゆく際には、イギリス政府はこの民間企業への出資枠二五パーセントをフランス政府に委ねることと規定された。この契約の重要性と、その後の影響を理解するためには、大戦前に溯ってサン・レモ協定以前に英仏間で交わされたいくつかの協定に触れる必要があろう。

二十世紀初頭、ドイツは中東での権益を確保しようとしており、この目前にある重要目的を達成するため、バグダッドとコンスタンチノープルを鉄道で結び、ヨーロッパの鉄道網との接続を実現するためにドイツ銀行の支援を受けたグループが結成された。こうして設立されたバグダッド鉄道オスマン帝国会社が一九〇三年三月五日に鉄道敷設権を得た。この計画には線路の両側二〇キロメートルの範囲における非排他的な鉱物採掘権も含まれていた。

数年が経過し、鉄道は建設されていなかったが採掘権は継続していた。一九一一年一月三十一日、トルコ国立銀行は主要株主の一人でのちに有名になるカルースト・S・グルベンキアン[1]の発意で「アフリカン・アンド・イースタン・コンセッション」という名の新しい会社を設立した。この名はすぐに「トルコ石油会社」へと変わった。その創設者であるトルコ国立銀行と株主であるアングロ・サクソン石油（ロイヤル・ダッチ・シェル系列）とドイツ銀行の三者は、トルコ石油がバグダッド鉄道会社が獲得したすべての権利を継承し、その対価としてトルコ石油の資本のうち二五パーセントを所有することで合意した。アングロ・サクソン石油も同率で資本参加し、残りの五〇パーセントはトルコ国立銀行が出資した（一九一二年十月二十三日）。しかし、イギリス政府は警戒していた。新たな企業グループによってイギリスの権益が最重要なものとなることを確実にしておきたかったからだ。そのため、アングロ・ペルシア石油の子会社であるダーシー開発会社を名義人とする新株式を発行することでトルコ石油の資本金は倍増したが、一方でトルコ国立銀行はみずからの株式をアングロ・サクソン石油とドイツ銀行に譲渡して撤退し、両社の株式保有率は二五パーセントに留まった。一九一四年三月には、これと併せてオスマン帝国全土の石油開発における非競争を規定した議定書がイギリス外務省とドイツ外務省のあいだで交わされた。その数週間後、イギリスとグルベンキアンの連携的な外交努力によって、スルタンは一九一四年六月二十四日付でバグダッド地域とモスル地域の石油利権をトルコ石油に与える旨の政令に署名した。この地域の石油面での重要性はまだ確かではなかったが、表層調査ではきわめて重要な価値を持つであろうという結果が出されていた。

（1）卓抜した先見性を持つフランスの外交官にちなんで「石油外交のタレーラン」、あるいは「五パーセントの男」と称されたグルベンキアンは、ロシアで石油から利益を得て、コンスタンチノープルで暮らしていた富裕なアルメニア人銀行家の息子として生まれた。一八六九年生まれのカルースト・グルベンキアンはフランスで良質な教育を受け、ついでロンドンで技師の上級免許を取得した。このとき、父親はカルーストに石油の経験を積ませるためバクーへ派遣することを決めた。彼はすぐさま石油の専門家となり、メソポタミア地域での石油の可能性を探る任務をスルタンから依頼された。このとき初めてグルベンキアンは石油のため、この地に足を踏み入れた。

そうして、第一次大戦中には一体何が起きたのだろうか。一方でイギリス政府はドイツ銀行が保有するトルコ石油関連の資産のうち二五パーセントを敵性資産として封印した。その一方でフランスとイギリスは一九一六年に、戦後はモスル地域をフランスの勢力圏に置くことを定めたサイクス・ピコ協定に署名した。しかし、休戦協定が結ばれた三週間後にフランスのクレマンソー首相はロンドンを訪問してイギリスのロイド・ジョージ首相と会談し、フランスがモスル地域の政治的影響力を放棄するという条件でメソポタミアでの石油権益の確約を取りつけた。クレマンソーはこれを受諾した。これが、一八カ月後に調印されるサン・レモ協定の基本となる。一九二一年一月二十九日に加えられた変更によって、この協定が定めるイギリスの債務は、引受分である四万株の代価の精算をもって完遂することが明確にされた。旧ドイツ銀行の保有株はイギリス政府が保持することになった。

## Ⅳ　フランス石油の設立

レモン・ポアンカレ内閣は国有企業的な性質を持つフランス企業の設立を推進することを決定した。一九二三年九月二十日の文書で、ポアンカレは新会社の目的、国家による経営管理の条件、資本金の設定を明確にしたうえで、会社設立をエルネスト・メルシエ(1)に委任した。この「フランス石油」は民間企業で国家から独立しており、主としてフランス資本により一九二四年三月二十八日に資本金二五〇〇万フランで設立された。主要株主には大手銀行数行のほか、大手のフランス系石油販売会社があり、そのなかでもとくにデマレ兄弟会社が知られていた。一九二四年五月十七日と一九三〇年六月二十五日の二回にわたって、フランス石油とフランス政府の関係を定める協定が結ばれ、これらの協定は最終的に一九三一年七月二十五日の法律で承認された。国家の資本参加は最大三五パーセントであり、四〇パーセントの議決権を持つこととなった。このフランス企業の組織がこうして定義されるのを待たず、かねてから合意していた通りフランス石油はトルコ石油株を四万株取得した。このときまでアメリカはトルコ石油には参加していなかったが、アメリカ政府は連合国、とりわけイギリスを介して「門戸開放」の原則[2]を承認させた。トルコ石油への参入に関する要望書が、主要企業組合の名で、スタンダード石油[3]の会長、ウォーター・L・ティーグルから提出された。この要望書はアメリカの政府当局から支持され、最終的には受け入れられた。アメリカ資本の参入により、トルコ石油の株主構成は以下のようになった。

二三・七五パーセント　ダーシー開発会社（アングロ・ペルシア系）

二三・七五パーセント　アングロ・サクソン会社（ロイヤル・ダッチ・シェル系）

二三・七五パーセント　近東開発会社[4]

うち五〇パーセント　ニュージャージー・スタンダード石油会社

うち五〇パーセント　ニューヨーク・スタンダード石油会社

二三・七五パーセント　フランス石油会社

五パーセント　　出資・投資会社（C・S・グルベンキアン）

（1）海洋工学技師だったメルシエはステアウア・ロマーナ会社とコロンビア会社でルーマニアにおける広範な石油事業に携わった。両社は新しいフランス企業の発展のためにメルシエのもとに幹部社員を送りだした。

（2）「門戸開放」とは、石油事業を筆頭にして、外国に進出して事業を展開したいと希望するアメリカ企業に対する商業的権利の機会均等を意味する。

（3）スタンダード石油は単独で、第一次世界大戦中の連合国の石油需要の四分の一にあたる量を供給した。二十世紀初頭に見られた公権力からの敵意は一九一一年のスタンダード石油の解体決定によって頂点に達したが、石油とスタンダード石油の国家的重要性が再認識されることで消散した。

（4）当初はパン・アメリカン・アンド・トランスポート会社（インディアナ・スタンダード石油系）およびガルフ石油会社がこのアメリカ企業グループに参加していたが、のちに撤退した。

資本参加の割合が減ったダーシー開発会社は、代わりに一定の産油量を上限として生産原油の七・五パーセント相当の納付金を受け取ることになった。

フランス石油と株主が着手した合同出資会社の運営機能方法の決定を目指した交渉は、きわめて困難な様相を呈した。アングロ・サクソン会社は「石油界」の盟主であろうとし、フランス石油の排斥を望んでいたのは明白だった。反対勢力を前に、フランス石油の社長は提訴に踏みきった。最終的には三年にわたる審議ののち、任命された裁判官がこの問題を取りあげる直前の一九二八年七月三十一日、のちにパートナーシップ憲章(1)として定められた業務協定の調印が行なわれた。

(1) この協定は、旧オスマン帝国領内の各地で同社に付与される採掘権を行使するため、この企業グループが設立するすべての企業においては、主要株主である四者は対等であることを確認したものである(旧オスマン帝国領は地図上で赤い線で示されたことから、「赤線協定」と呼ばれる)。こうして規定された域内での株主間の非競争条項が含まれ、各株主グループは生産された原油を出資率に応じて「原価」で買い取り、同じ比率でグルベンキアンの取り分を(専門家の評価により定められた「販売価格」で)下取りすることが協定で明確にされた。

この協定はきわめて複雑だがかなり入念に準備されており、その後二〇年間、大きな修正を加えることなく、すべての当事者が満足する形で機能した。本書では一九四八年に新たな状況が発生し、いかにしてこの協定が修正を余儀なくされたかを紹介する。(1)この二〇年間、メソポタミア地域の政治状況は安定していた。講和条約によってイギリスの委任統治領となったのち、独立国家のイラク帝国が建国された。このとき国王に即位したファイサルは、大戦中にトルコに対して反乱を起こし、(2)「アラブ革命軍」の司令官となったメッカの大守、ハーシム家のフセインの三男である。イラクとトルコの国境線は国際連盟が後ろ盾となって一九二六年に画定した。(3)トルコ石油は二年間の外交交渉を経て、一九一四年六月にトルコの大宰相が約束したモスルおよびバグダッド地域の採掘権を現実のものにするよう、一九二五年三月にイラク政府から合意を引きだした。一九二八年十月、トルコ石油は国内政治の変化を受けて「イラク石油」へと改称した。この改称によって、チグリス川の東側に広がる八万三〇〇〇平方キロメートルの土地の採掘権が見直されたが、代わりに石油生産開始前に年間四〇万金ポンドの土地代を支払うことになっており、最低収入が年間四〇万金ポンドを超える場合には、生産量一トンあたり四金シリングの割合で将来の石油生産に関するロイヤリティーから繰りいれられることになった。交渉の最中にも、急遽派遣された地質学者や採掘技師が調査を継続していた。炭化水素の貯留が可能と思われる地層で四カ所の試掘が行なわれた。だが、それらはいずれも失敗に終わった。五カ所目の掘削はキルクークから数キロメートル離れたババ・ガーガーで行なわれた。一九二七年十月十四日、石油が四五メートルの高さまで噴きあげ、その噴出を調整するのに三日間を費やした。八〇〇キロメートル以上離れた地中海に石油を運ぶための口径三〇センチメートルのパイプラインが二本建設されることが決定し、一九三四年末に完成したパイプライン[4]は年間四〇〇万トンの送油能力を擁した。イラク石油とイラク政府の信頼関係は良好で、同社の開発地域をイラク全土へ広げる交渉が可能だった。新たな開発地域はこのために設立されたモスル・ホールディング有限会社とバスラ石油会社の二社に割り当てられた。

(1) 本書の第三章IIを参照。
(2) 有名なT・E・ロレンス(『アラビアのロレンス』)が組織したことで知られている。
(3) モスル地域はイラク領とされたが、その代価として二五年間にわたってバグダッド地域とモスル地域の原油生産でイラクが得る収入の一〇パーセントがトルコに支払われることとなった。
(4) 北ラインはトリポリ(レバノン)まで、南ラインはハイファ(パレスチナ、現在のイスラエル)に達した。

## V　アングロ・ペルシア石油の発展

アングロ・ペルシア石油は一九三五年にイラク石油のパートナーとして「アングロ・イラニアン石油」へと改称してイランにおける活動を展開し、一九三〇年代末には年間一〇〇〇万トンを生産するようになった。だがこの発展は、一九二一年に戦争相、一九二三年には首相となり、一九二五年に即位したレザー・パーレビ国王との深刻な争いを引き起こした。きわめて独裁的なパーレビは、治世を通じてイスラム聖職者〔ムッラー〕や軍事司令官など、彼に抵抗しうる勢力の力を削ぐことに力を入れた。彼は一九三二年十一月十六日にアングロ・ペルシア石油への石油権益を撤回する決定を一方的に下した。同社の会長だったカドマンは新たな合意を取りつけるため、一九三三年四月に首都テヘランへと向かった。そして、ロイヤリティーをイラクの水準に引きあげること、つまり一トンあたり四シリングの支払いに加えて、グループ全体の利益の二〇パーセントを王国に納付することを承諾してはじめて、国王の合意を得ることができた。その代わり採掘権の期限が一九六一年から九三年に延長された。こうして危機を迅速に乗り越えることができたが、危機はこれが最後ではなかった。[1]大船団の開発（一九一五年から開始）や、幾多の販売会社の買収を数多くの製油所が建設されたヨーロッパでとくに推し進めたことで、二大戦間期を通じてアングロ・ペルシア・グループの使命は明確なものとなった。

（1）この時期、カドマンはガルフ石油と連携してクウェートに関心を示しはじめていた。本章Ⅶを参照。

## Ⅵ　石油会社が関心を寄せるアラビア

新たな地域での石油の探鉱は、メソポタミアとイラン以外にペルシア湾と紅海のあいだに広がる大アラビア半島に関心を持った主要企業によって進められていた。その地域は政治権力が地方部族の家系に委ねられており、あまりよく知られていなかった。クウェートからイエメンにかけてのアラビア半島の周縁地域は、独立した首長が分割統治しており、その多くは保護条約を交わしたイギリスとの関係が深かった。[1] 半島の主要部分を構成する残りの地域は、ペルシア湾と西側の紅海に向かって開けており、三〇年にわたる武力闘争のあいだにイブン・サウドが征服して統一し、一九三二年に彼はアラビア王として即位した。[2] 石油グループが目をつけた最初の地は、こうした状況から、アラビアの東岸に近く、カタール半島の北に位置するバーレーン島だった。ニュージーランド出身のホームズ少佐という人物が、第一次世界大戦中イギリス軍で戦闘に加わったのちこの地に落ち着き、石油で莫大な財産を生みだすことを夢見てイースト・アンド・ジェネラル・シンジケートを設立したが、長老の求めに応じて、最初は水脈の探索に従事した。彼が成し遂げたこの事業に対する礼として、長老は一九二五年に石油の徴候が認められ、良好な背斜地として知られる、彼の領地全域での石油探鉱を許可した。ホームズ自身に資金力はなかったが、この石油探鉱プロジェクトに石油グループの興味を引こうと努力した。まずガルフ石油が参入し、ついでカリフォルニア・スタンダード石油がこのプロジェクトのために設立したバーレーン石油という名のカナダの会社を介して掘削権を獲得した。バーレーン石油は一九三一年に掘削を開始し、一九三二年五月に生産可能な水準に達した。その生産量は年間四〇〇万トンに達したが、この発見によってこの地域全体に重要性の高い石油権益が存在することが確実になった。まもなくして製油所が建設された。アラビア半島はそれ以上に魅力ある地に見えた。カリフォルニア・スタンダード石油はバーレーンに赴く以前からそのことを考えていた。イブン・サウド国王は石油会社を自国に招き寄せて空っぽの国庫を満たそうとした。国王はイスラム教に改宗してからアラビアに居を構えた一人のイギリス人に自分の考えを打ち明けた。それがハリー（ジャック）・フィルビー[3]である。フィルビーはアメリカ人の鉱山技師カール・トウィッチェルに予備調査を行なわせ、トウィッチェルはカリフォルニア・スタンダード石油（頭文字を取って以後ソーカルと略す）に接触した。ただちにソーカルの代表と国王の腹心アブドル・スレイマン蔵相によって交渉が開始された。

（1）この一帯は旧オスマン帝国の一部だったが、クウェートはそうではなかったため、一九二八年のイラク石油の「赤線協定」には含まれなかった。

（2）彼はイスラム教の首長〔エミル〕の出身で、宗教指導者であるアブドル・ワハブを拠りどころとして、十八世紀にアラビア半島の中央に広がるネジュド高地に権力を打ち立てた。ワハブはイスラムの戒律に厳しいワハブ派を生みだした人物である。アラビア半島を征服する第一歩として、第一次世界大戦中に東部のエル・ハサーを、ついで一九二五年には西部のヘジャズを落としたことでメディナとメッカの二大聖地を含む地域を支配下に置いた。

（3）ジャック・フィルビーはインド政庁を振りだしに、大戦中はバグダッドとバスラに設置されたイギリス政務監視団の一員となり、一九一七年のリヤド駐在中にイブン・サウドと知り合った。イギリスの中東政策に不満を持ったフィルビーは一九二五年にインド政庁を辞職し、サウジアラビアに居を移した。

イラク石油も名乗りを挙げたが、事業を成し遂げるだけの意志はなかった。ソーカルがイラク石油に打ち勝ち、向こう六〇年間にわたる八万五〇〇〇平方キロメートル強の土地の掘削権を獲得した。[1]地質学者たちは掘削を開始するため、すぐに作業に取りかかった。何度かの試行錯誤ののち、ダンマンの背斜地で深さ一四〇〇メートルの地点にある「アラブ・ゾーン」（ジュラ紀後期）から石油が発見され、サウジアラビア東部全域の産出量がきわめて多量であることが明らかになった。石油開発の作業は戦争によって中断し、商業生産は休戦後まで持ち越された。テキサス会社〔現テキサコ〕は一九三八年にアラビア半島とバーレーンのソーカルに合流した。このとき両社が均等な資本参加による共有会社として設立したカリフォルニア・アラビア・スタンダード石油は、一九四四年にアラビア・アメリカ石油会社（アラムコ）となった。[2] これら二つの石油グループはまず製油所とアメリカ国外での販売網を共同管理することを決定した。その間にサウジアラビア政府とのあいだで新たな協定が調印され、掘削認可区域は当初よりも拡大し、半島内部へと進出することになった。

(1) ソーカルは、後年支払うことになっていた納付金に充当する三万五〇〇〇金ポンドをただちに前納することを確約した。さらに、一八カ月後に二度目の納付金として二万金ポンド、原油を発見した際には三度目の納付金として一〇万金ポンドが支払われることになる。この協定は一九三三年五月二十九日に調印された。

(2) ソーカルはダンマンで石油を発見する以前から原油生産が過剰な状態だったが、テキサス会社はそれとは逆の状態で、世界的な流通網がソーカルよりも充実していた。

## Ⅶ　ガルフ石油とアングロ・イラニアン石油、同時期にクウェートへ進出

ソーカルの石油発見により、ガルフ石油をはじめとするいくつかのグループが、クウェートの近隣地域にいっそう関心を持つようになった。アハマド首長も自分の領地で石油生産が始まることを望んだ一人だ。クウェートは伝統的にトルコの侵略に抵抗した際に支援を受けたイギリスの庇護下にあったにもかかわらず、アハマド首長はイラク、サウジアラビア、イギリス政府を相手に巧妙だが危険を伴う賭に出た。アメリカ系のガルフ石油、イギリス系のアングロ・ペルシア石油、そして多国籍企業のイラク石油と、この地に関心を持つグループが多数あったので、彼は多少なりともこうした考えを持ったのだ。バーレーンで失敗したガルフ石油はクウェートで出直しを図りたかった。アングロ・ペルシア石油は何年か前に石油探鉱を実施して石油の存在を確信していたが、当時の世界市場が買い手市場だったことか

ら躊躇していた。イラク石油の事情も同様だった。ついにアングロ・ペルシア石油は一九三二年のなかば、カドマン会長から外務省に宛てた支持を乞う書簡のなかで、関心を持っていることを明らかにした。ガルフ石油はというと、ホームズ少佐、そしてロンドンではアメリカ大使のアンドルー・メロンの仲介でアハマド首長に働きかけた。結局、ガルフ石油との提携が唯一成功する方法だと理解したカドマンはガルフ石油に対し、アハマド首長に採掘権を嘆願する窓口となるべき会社を同額の出資により設立することを申しでた。こうして一九三四年十二月二十三日、六〇〇〇平方キロメートルに及ぶクウェート全土での採掘権が獲得された。クウェートでの石油開発の手始めとして北部で試掘が行なわれたが、これは失敗に終わった。ついで物理探鉱法によって発見されたブルガン層の試掘が一九三七年から開始され、地質学者によって一九三八年二月に白亜紀の砂岩のなかから石油が発見された。この油田は世界最大級と判明したが、その開発は第二次世界大戦後を待たなければならなかった。

最後になったが、アラビア半島の石油開発の四つ目の局面として、同時期にイラク石油グループがカタールからイエメンにかけてのペルシア湾沿岸のみならず、アラビア半島北部から紅海沿岸のすべての首長国から石油探鉱権の獲得について交渉し、成功していた。そして石油権益を獲得し、その後開発を行なうためにそれぞれ専門の会社が設立された。いずれの会社も内部構成はほぼ同じで、フランス石油の出資は二三・七五パーセントだった。

## Ⅷ　フランス石油の権益拡大

イラク石油の他の出資会社よりも石油に恵まれなかったフランス石油は、採掘権を得た土地での石油探鉱が迅速に進められること、とりわけ発見した石油鉱脈の開発が時間を無駄にせず進められることを望んでいた。そのためにフランス石油は一九三九年七月にキルクーク・トリポリ間とキルクーク・ハイファ間のパイプライン網の送油能力を年間四〇〇万トンから八〇〇万トンに倍増する許可を得た。ところが、戦争が勃発し、この決定の実行を中断させた。一九四〇年の独仏休戦協定を機に、フランス石油はイギリスの対敵取引禁止法に抵触することとなった。イラク石油とその出資会社も同法によりイギリスの手に落ちている。その出資会社に対する統制が一九四五年に解除されたことは、戦後の大発展に先立つエピソードである。

フランス石油に託された二つ目の使命はフランス国内にあった。豊富な石油資源を所有することになるフランス企業グループのもとに統合された石油活動を発展させることだ。この目的のため、フランス石油は早速一九二九年にフランス石油精製会社を設立し、ルアーブル近郊のゴンフルヴィル（一九三三年）とベール潟畔〔マルセイユ近郊〕のマルティーグ（一九三五年）の二カ所に当時としては大規模なコンビナートを建設した。もう一つの子会社である石油海運会社がレバノンやパレスチナの港からフランスの二カ所のコンビナートまでイラク原油を運送するために設立された。[1] この会社は戦時中すでに、当時としては最大級の積載重量二万トンのエミール・ミゲ号を含む多数の艦船を擁していた。フランス系企業グループが生産した石油製品の国内流通は、フランス石油やフランス石油精製の株主でもあり、古くから石油販売業に携わっていたデマレ兄弟会社やリール・ボニエール・エ・コロンブ会社、フランス燃料会社、フランス総合石油が請け負っていたが、いずれも一九五四年から六五年にかけて徐々にフランス石油グループのなかへと吸収されていった。(2)

(1) 一九三九年にドイツの潜水艦から攻撃を受けて沈没した。
(2) フランス石油はこの一九六五年にトタルという商標を採用した。

第二次世界大戦の直前、フランスは年間五〇〇万トンの石油を消費していた。フランス石油の自社資源で賄えたのはそのうちの一〇〇万トンに過ぎなかった。グループ企業を介して精製、流通できる量は約二〇〇万トンで、残りは外国の製油業者から買い付けなければならなかった。それゆえ、フランス石油は中東以外の地域、とくにコロンビアとベネズエラでの石油探鉱に傾注した。もちろんフランス国内においても、ラック〔ピレネー・アトランティック県〕でガス田と油田を発見し、のちのエルフ・アキテーヌ・グループ(1)の基礎となるアキテーヌ石油会社の設立に携わった。一九三九年には中東での石油生産はイランで一〇〇〇万トン、イラクで四〇〇〇万トン、バーレーンで一〇〇万トンが限界だったが、すでにこれまでの発見から石油生産の爆発的な増加と、これまで以上の備蓄が戦後に行なえることが予測された。そうこうするうちに、世界の石油消費量は一九一〇年から二〇年に倍増し、一九二〇年から四〇年には三倍の三億トン超に達した。この消費の急増に対応するため、他の地域にも手を広げねばならなかった。

(1) 第三章Xを参照。

## IX 新たな地域における石油開発の開始——メキシコとベネズエラ

石油探鉱は中東以外の地域、とりわけ南北アメリカで活発に行なわれ、大規模な石油鉱床も発見された。こうして一九〇四年に始まったメキシコでの石油生産は、一九二〇年には二三〇〇万トンに達した。それより少し遅れて、ベネズエラでは一九二〇年にようやく生産が開始され、一九三〇年には生産量が二〇〇〇万トンを超え、一九四〇年には三〇〇〇万トンに達した。メキシコでは最初の油井が一九〇四年四月にメキシコ湾沿岸の平原に建設されたが、石油の生産量は日量五〇〇バレルに過ぎなかった。石油探鉱はイギリス系のピアソン・グループが参入し、メキシコ湾岸のファハ・デ・オロ地区での採掘開始によって、新たな展開を迎えた。同グループの二つ目の油井も収益性は高かったが、メキシコの石油探鉱史上最も注目すべき出来事は、数カ月後の一九〇八年七月四日に起きたドス・ボカス油井における華々しい石油噴出である。

原油とガスが噴出してボーリングロッドを空中へ噴きあげ、油井やぐらを破壊し、そのとき発生した火事は二カ月にわたって続いた。ピアソン・グループは、一九一二年にラ・コロナ開発会社を設立してすでに探鉱を開始していたロイヤル・ダッチ・シェルに一九一九年に買収されるまで、大成功をおさめながら探鉱を続けた。

ニュージャージー・スタンダード石油は、独立企業のトランスコンチネンタル会社を買収して、シェルとほぼ同時期にメキシコでの石油探鉱に乗りだした。これにはガルフ石油も参入した。これらすべての企業の努力によって、メキシコでの石油生産は急激に増加した。メキシコは革命中のロシアを抜き、アメリカに次ぐ世界二番目の石油生産国となった。だが、一九二〇年代初めの社会と政情の混乱が石油産業の安定に影を落とした。ついには一九三八年三月十八日、メキシコのカルデナス大統領は石油産業の接収と国有化に関する政令に署名し、すべての石油関連資産は、その目的のために設立された国有企業、ペメックスの名で知られるメキシコ石油公社に委譲された。しかし、この措置も約六〇〇万トンにまで減少していた石油生産を立て直すことにはつながらず、生産量が一九二一年の水準に戻るのはそれから三五年後のことだった。

メキシコでの石油生産が衰えていくのと対照的に、ベネズエラでは大飛躍が見られた。ベネズエラでの石油探鉱は、重質油の存在を明らかにしたカリビアン石油によって、一九一〇年にマラカイボ湖の東方地域で開始された。カリビアン石油はロイヤル・ダッチ・シェルグループの子会社で、ベネズエラのリオ・デ・オロ地域ですでに活動していたコロン開発会社によって一九一三年に買収された。石油の探鉱は一九〇八年に全権を掌握し、二七年にわたってその地位にあったゴメス将軍の政権下で促進された。主要な企業はすべてベネズエラに参入していた。ニュージャージー・スタンダード石油はインディアナ・スタンダード石油から買い取ったクレオール石油を通じて、ガルフ石油は子会社のメネ・グランデ社を介して活動していた。シェルは一九二二年にラ・ロサ地域の大規模な油田、そして多数の産油地域で複数の石油貯留層を発見した。

こうして、ベネズエラは一九二八年に世界第二の石油生産国となり、三年間ロシアより上位にあった。ロシアは一九三一年以降、アメリカについで世界第二位に返り咲いた（その後世界一になるのは一九七四年だった）。

## X　アメリカ、世界のリーダーに留まる

石油探鉱が最も盛んで生産量の伸びが増大したのは、やはり、二五年間で四五〇〇〇万トンから一億九〇〇〇万トンへと増加したアメリカだった。石油需要も増加していたが、生産能力はつねに需要を上まわっており、価格も下落傾向にあった。[1]

（1）アメリカでは中部産原油が一九一六年には一バレルあたり一ドル二〇セントだったが、戦需の影響とその余波を受けて一九二〇年には八ドル強に達した。価格はその後急速に低下する。一九三一年にイースト・テキサス油田が発見されたのち、一バレルあたり一〇セントにまで下落した。

一九二一年にロサンゼルス近郊でシグナル・ヒル油田が発見されたのち、アメリカ国内最大の石油生産を誇る州としてカリフォルニア州を数年間君臨させた多数の油田が発見された。カリフォルニア以外でも、一九二六年にオクラホマのグレーター・セミノール油田、二、三年後に西テキサスのペルム盆地、一九三一年には東テキサスで埋蔵量八億トンの油田が発見されるなど、アメリカにおける石油探鉱は大きな成功を収めた。

成功をもたらした大きな要因として、航空写真を用いた地質観察とその解析方法、また掘った穴の地層から年代を特定できる微古生物学など技術の進歩が挙げられるが、とくに重量分析法、地磁気測定法、地震探鉱法といった多様な技術を生みだした地球物理学の発展が貢献した。また採掘技術も進歩し、採掘速度と安全性が高まり、これまで以上に深い部分まで掘り進むことが可能になった。[1] 第一次世界大戦

後も、アメリカの鉱山法では石油鉱床に関しては、依然として「捕獲の法則」を前提としていた。この慣習が産油地域の無秩序な探鉱の原因となっていた。[2] この無秩序は、対象となる油層が大規模なものであればあるほど明白だった。合衆国憲法に規定される所有権に抵触することから鉱山法の改正は不可能だったが、石油事業への適用法の修正は可能である。それは、自己資金で総合石油企業シティーズ・サービスを設立した大手石油企業家のハリー・ドハーティーが目指したことだった。

(1) 石油探鉱と生産技術に関する詳細は、同著者による『石油』(コレクション・クセジュ一五八番)を参照。
(2) 本書ではすでにペンシルベニア州やメキシコ湾岸のバーモントやイースト・テキサスの無秩序状態を指摘した。

油田単位での生産調整、つまり「共同操業化〔ユニタイゼーション〕」を取り入れる考え方が広がったが、それぞれの生産者の独立性に抵触せずして、いかにこれを実現できるのだろうか。イースト・テキサス油田が乱掘されたために市場が混乱状況に陥っていた一九三一年、石油生産での無駄を省いてよりよい物理的条件を確保するため、またテキサス州が鉄道の監督を確実に行なうために一八八一年に設立したテキサス鉄道委員会が石油生産現場に介入することが許された。だが「経済的な浪費」という概念を理解しやすくする必要があった。この概念は市場の監視と需要の規定を前提としていた。徐々にこの主張が練りあげられて「比例配分」[1] という生産システムの構築に寄与した。こうして生まれた生産システムは、制度化された統制による柔軟性に欠けた規制なしに石油市場に安定をもたらすことに成功した。そして石油価格も戦後期まで安定することになる。一九四七から四八年頃からアメリカ国内あるいは国外のさまざまな要因によって石油価格が上昇したが、一九七三年の第一次石油ショック[2] が訪れるまでのあいだ、価格上昇は穏やかなものだった。

(1) 「比例配分」とは、油層の物理的な特徴のみならず生産目標を考慮し、各油田の油井ごとに許可する生産量を決定するという方法である。可能な限り最大量の石油を回収するが、市況に合わせて、つまり需要に供給量を適応させながら行なえることになる。また、テキサスの鉄道委員会と同じ目的を持った、類似組織である「商業委員会」がオクラホマで採用された。基本方針と慣習のすり合わせは、それよりやや遅れた一九三五年にルーズベルト大統領の後押しにより設立された、「州際石油協定委員会」内で、「石油行政官」の資格と権限を与えられたハロルド・イキス内務長官によって進められた。

（2）第一次石油ショックについては、本書第四章Ⅰを参照。

## XI　革命動乱期のロシア石油産業

ロシアにあった西側石油業者の資産は、ボルシェビキ革命が生みだした状況下で守られることは可能だったのだろうか。

ロイヤル・ダッチ・シェル、ニュージャージー・スタンダード石油、そしてノーベルの三グループが当時ロシアできわめて重要な石油利権を保有しており、なかでもロスチャイルドのすべての利権を引き継いだロイヤル・ダッチ・シェルの利権はかなりのものだった。国家の新たな支配者とこれらの財産の返還を交渉し、通常の産業活動を営むことなどできたのだろうか。実際には、あらゆる交渉は失敗に終わり、一九二〇年代中葉の自由経済を部分的に導入した時代、つまり新経済計画〔NEP〕は何の変化ももたらさなかった。しかし、ロイヤル・ダッチ・シェルとニュージャージー・スタンダード石油は、接収した石油関連施設の経営を小規模ながら再開した国家石油機関が提供するロシア原油の購入のための共通の窓口を設置することを試みた。[1] 長期にわたる交渉とかなり躊躇したすえに両社はこの策を断念した。それに対して、安価な提示価格に引き寄せられた企業もいくつかある。たとえば（モービル・グループを形成する以前の）ニューヨーク・スタンダード石油とバキューム石油は、ロシア原油をインド諸国やアジア市場に輸出した。この輸出とそれに伴う価格戦争は、ソ連経済にもたらされた支援とソ連の輸出ダンピングが引き起こした、一部の市場での価格崩壊を不愉快に思っていたティーグルとデターディングからきわめて厳しい判断がくだされた。

(1) ロシアでの石油生産量は、第一次世界大戦開始直後には年間一〇〇〇万トンを超えていたが、一九二〇年には約三〇〇万トンにまで減少した。生産量は徐々に回復したが、戦前の水準に回復したのは一九二六年から二七年のことだった。石油の輸出は、差し迫って外貨獲得の必要があったソ連政府が促進した。ソ連産原油や製品の一般的な輸出価格は国際水準よりも一〇パーセントから一五パーセント低いものだった。

## XII　破滅的競争を避けるために協議する石油業者たち

終戦直後には石油がやや不足したが、アメリカやその他の地域で大油田が発見され、ソ連が輸出を再開し、すぐに石油市場はだぶついた。これが価格の全般的な低下と利益幅の消滅という結果を招いた。大規模グループの経営陣はこの状況を非常に懸念しはじめた。こうしたなかでデターディングが真っ先に動いた。彼は一九二八年の夏のあいだ、サケ漁やライチョウ撃ちに適した、インバーネス南部（スコットランド地方）のアクナキャリーの城を借り受けた。そしてここにスタンダード石油会長のウォルター・ティーグル、そのドイツ支社長ハインリッヒ・リードマン、ガルフ石油のウィリアム・メロン、インディアナ石油のロバート・スチュワート大佐、アングロ・ペルシア石油会長のジョン・カドマン卿といった大グループのトップを一同に招待した。釣りや狩猟で獲物を得るためではなく、各地にはびこり、価格、ひいては収益を破滅的に下落させた過当競争をはじめとした世界中の石油産業の存続に関わる大問題を討議するためである。この討議は歯止めなき競争による障害を検分した一七頁からなる覚書に基づく協定に至った。ここでは、全段階で許容量の超過を回避した、より経済的な石油事業を目指す必要性が明確にされ、協定を交わした各グループが達成した販売状況を反映した市場配分が取り決められた。グループに対して、一九二八年には各グループにおける需要の増加分の獲得に限られることとなった。製品の取引も、最も近い産地から最も経済的な状況で消費者に販売するために計画された。世界的な価格構造は従来の枠組が維持された。つまり、原価にメキシコ湾から受取港までの運送料を上積みしたものとし、これは原油の産地とメキシコ湾との物理的な距離が近かろうと遠かろうと関係ない。ヨーロッパや中東の市場に近隣する産油地にとっては、この統一基本価格のシステムが言うまでもなく有利だった。この協定は後年「現状維持協定」と称される生産の安定化が付け加えられた。このカルテル協定は長期間存続することはなかった。署名した各グループは、えてして規定に従わず、市場価格を「破壊」しつづけるソ連の企業トラストをはじめとする大多数の独立グループが参加していなかったからだ。そのため、このアクナキャリー協定は短命に終わった。それ以降この種の試みに踏み切る民間企業は現われなかった。

その代わり、二〜三社間による協力体制がいくつか、生産部門（本書において中東での数例を紹介した）に限らず、下流部門でも確立された。つまり、原油生産量と販売量の不均衡を調整するための精製や流通における協力体制である（インド諸国とパキスタンでアングロ・ペルシア・シェルにビルマ石油が協力することを定めた一九二八年の協定、カリフォルニア・スタンダード石油とテキサコ間の協定、中東地域に関するニュージャージー・スタンダード石油とニューヨーク・スタンダード石油間の協定など）。これらの協定の期間はさまざまだったが、いずれもこんにちでは終了している。

## XIII　第二次世界大戦（一九三九〜四五年）、供給問題の再発

ドイツに石油の潤沢な供給が保障されたかに思われた独ソ不可侵条約の締結直後に第二次世界大戦は始まった。しかし、一九四一年六月にドイツがいくつかの構想、なかでもカフカス地方の石油を手に入れることを考えてソ連に侵攻したので、実際にこの条約はドイツに石油を供給するという名目で生かされることはなかった。ドイツ軍の目的は達成されず、ドイツ産業が築きあげた大工場で石炭や褐炭を原料にして作られた合成品を使用せざるをえなかった。生産能力は一九四〇年から四三年のあいだに倍増し、一九四四年の前半には年間六〇〇万トンに達するペースで増大を続け、枢軸国全体における需要の約三分の二、とくに航空燃料の九〇パーセントが賄えた。だが、ソ連戦線と北アフリカ戦線が地理的に拡張して輸送が困難な状況に陥り、一九四四年の連合国によるノルマンディー上陸作戦後、西部戦線での戦闘が激化し、合成品工場が破壊されて供給物資の欠乏が深刻になり、ドイツの国防は麻痺した。日本は他の枢軸国以上に石油不足で苦しんでいた。当初、東南アジア方面の電撃的な進撃によってインドネシアの資源を獲得したが、一九四四年初頭からアメリカ軍の太平洋奪還が進むとともに物資の供給が先細りし、戦争末期にはほぼ尽きた状態になっていた。[1] それに反して、連合国軍が石油に関して真に危

機的な状況に陥ることはけっしてなかった。フランスとイギリスは開戦以前にかなりの量を備蓄し、資源と資産をより適切かつ効率的に管理するために、あらかじめ設立しておいた集団的組織の枠組でそれぞれ自国の石油産業の資産を、運営する準備をしていた。[2] フランスではドイツによる接収を避けるため、蓄えてあった備蓄の大部分を一九四〇年六月に焼き払い、戦時期から継承された組織はおもに内燃機関用の代替燃料など国内の最低限の物資を確保するため占領中も活用された。イギリスの状況は潜水艦による海中戦によって一九四一年に悪化したが、アメリカはイギリスの防衛、そして真珠湾攻撃以降はアメリカの国防における需要を満たすため、アメリカの石油会社の努力をよりよく調整するための措置を早急に整えた。

(1) 日本はドイツのように石炭から合成品を作る工場を有していなかった。
(2) 戦時中の国家組織に関する一九三八年七月十一日の法律により、フランスの石油産業は「石油および石油派生品輸入会社(SIPD)」を創設し、戦争初期から原油の購入と輸入、国内各地の製油所への縦割り、製油や直接輸入による最終製品の各販売業者への分配を行なった。

前線の拡張と戦闘の激化に伴い、石油需要は顕著に増加した。この需要を満たすため、アメリカの石油産業は輸送(テキサスと東海岸を結ぶパイプライン)、石油精製、爆発物や合成ゴムの製造業者用の中間製品生産などの手段を総動員した。この一致団結した努力は、きわめて広範にわたって介入する権限を持ち、「国防のための石油コーディネーター」と称された、活力あふれるハロルド・イキス内務長官がてこ入れし、組織したものだった。

# 第三章　エネルギー市場に君臨する石油、大企業の絶頂期（一九四五～七〇年）

## Ⅰ　戦後期の英米による石油協議

枢軸国軍との戦争中、英米の連合国軍は主としてアメリカ産原油を原料とする石油製品を使っており、中東産原油の利用は限定的なものに留まっていた。[1] だが、戦後の見通しはまったく別のようだ。中東地域の推定埋蔵量はきわめて多量だった。しかし、中東の政治的安定はどのようなものになるのだろうか。また、英米の連合国は調和のとれた石油開発を保証するため、中東でどんな影響を与えることができるのだろうか。中東の石油業界へのアメリカの参入は、イギリスよりも歴史が浅く、あまり明確なものではなかった。[2] ルーズベルト大統領と石油関連で彼の右腕だったハロルド・イキスにとって、すでに利権を持っているアメリカ企業の活動を支援する必要性が明らかになった。まず、サウジアラビアのイブン・サウド国王と協議することが望ましいと思われた。そのため、ルーズベルトはヤルタから戻り次第、国王と会談すると決断した。

（1）ド・ゴリエ社の地質検査員は三五億トンと推定しており、現在その数値は五〇〇億トンに上方修正されている。

（2）中東で大発展を遂げる前には、イギリス資本が生産量の八一パーセントを統制していたのに対して、アメリカはたった一四パーセントに過ぎなかった。両国資本の調整は避けられなかった。

会見はその日のためにスエズ運河の南入口に停泊していた戦艦クインシー号の艦上で行なわれた。戦後の中東における石油開発をどのように、またどういう政治的な状況下で推し進めればよいだろうか。そして、パレスチナのユダヤ人国家建国計画はどういう結果を迎えるのだろうか。これらが会談中に取りあげられた主要な議題だった。世界の石油資源を共同開発し、公平に分割することを定めた一九四四年八月八日の英米石油協定のなかで、アメリカがイギリスに対する保証を与えているにもかかわらず、この会談に対してイギリスは不信感を抱いた。確かに、英米石油協定はアメリカ国内で大企業からも独立業者からも激しい反発を招いた。結果として、この協定は批准には至らなかった。

終戦後、中東に興味を持った企業は、中東の潜在的な資源開発を確実にするために必要な行動を起こし、そのために、持てる技術と財源を投入することを決定した。こうした活動を取るうえで企業はまったく自由だった。しかし、アメリカ政府に受け入れ国との交渉に対する支援や、紛争解決に対する協力を取りつけるよう、働きかけることは禁じられていなかった。すでに紹介したように、中東での石油開発は、終戦後四つの企業グループが要請したものだった。つまり、イラク石油、アラムコ、クウェート石油、そしてこの地域に設立された最古参の会社であるアングロ・イラニアン石油である。戦前から開発されていた鉱脈を開発し、新たな鉱脈を見つけだすために、これらのグループはどのように事業に取りかかったのだろうか。鉱脈の探鉱や確認、採掘のための掘削作業が必要なのは言うまでもなく、とくに港湾設備、備蓄施設、パイプラインといった石油輸送システムの構築と、その処理能力の向上こそが重要だった。イラク石油にとって、キルクークの油田は二本の既存のパイプラインを利用すると四〇〇万トン以上の輸送が可能だった。既存のパイプラインに平行する口径約四〇センチメートルの二つのパイプラインを早急に建設することが必要であり、そのことで生産能力が一二〇〇万トンになるはずだった。折悪しく、イギリスによるパレスチナ占領に反対するユダヤ人の暴動が起こり、新旧二本の南路線の閉鎖を余儀なくされ、それに伴って口径約四〇センチメートルの第二北路線が完成するまで、石油の生産量は二〇〇万トンにまで減少した。

モスル油田の開発と、キルクーク・地中海路線に連結したパイプラインによる石油輸送は一九五二年から五三年頃まで延期されたが、その代わり、より高い収益を上げるバスラ油田が速やかに開発された。戦後すぐ、ルメイラ大油田など多くの油田が発見された。シャット・アル・アラブ川河口のファオに港が建設されて、北部の産油地域とパイプラインで結ばれたことで、一九四九年初頭から石油の輸出が可能となった。カタール半島では、ドゥーハン油田がすぐに生産を開始し、ウム・サイドに建設された備蓄と積載のための石油ターミナルは一九五二年から業務を開始した。イランとクウェートの油田開発は、当時は政治的には困難な状況でもなく[1]、技術的な問題は迅速に解決された。

（1）イランの状況は一九六〇年代初頭には大きく変化した。第三章Ⅴを参照。

## Ⅱ　イラク石油内部の争いの種となったアラムコ

かなりの埋蔵量があると予測され、多額の投資が必要なサウジアラビアの油層の開発は、ソーカル、テキサコという二つのグループ企業が、資本金を同額ずつ出しあって創った採掘権獲得会社であるアラムコを介して行なうことになっていた。しかし、ソーカルの販売網はテキサコより小さく、中東で生産した商品を、理屈としてはヨーロッパを優先的に、そしてアフリカとアジアのより近接した地域に供給せねばならないため、地理的にも不利だった。ヨーロッパやアメリカ東海岸への輸送距離を短縮するため、サウジアラビアの生産地と地中海東岸の石油ターミナルを結ぶパイプラインを敷設する費用は二億ドルと見積もられ、それ以前に、この地域の油田開発とペルシア湾岸の石油積みだし港や製油所の建設にも投資していた。このときまでに両社の支出額は一億六〇〇〇万ドルに達していた。避けて通ることのできない将来の計画は、これまで以上に大規模なものになるはずだ。必要資金やこの地域に特有のリスクの大きさ、そしてこの地域の埋蔵量に対するソーカルの販売網の脆弱さに直面して、両社が資金力と充分な販路を有する会社をアラムコに招きいれたのは当然のことに見えた。イブン・サウドは追加条件として、新規参入会社がアメリカ企業であることを求めた。ニュージャージー・スタンダード石油とモービルの二社が、アラムコへ加入するための基準を満たしていた。協議は一九四六年初頭から四社間で開始され、合意内容の概要がただちに起草された。だが、重大な問題が残ったままだった。スタンダード石油とモービルを含むイラク石油の全出資社間で一九二八年に交わしたグループ協定により、イラク石油の採掘権譲渡協定の対象外である「赤線」の内側にある地域での権益を、他の署名会社に分割を申し出ることなく獲得することは禁じられていた。アメリカ系企業グループは、一九二八年のグループ協定が戦争という状況を経て無効になっており、シューマン法にも抵触しているとの口実で、この禁止事項を免れようとした。この駆け引きのなかでアメリカ企業は、いくつかの特権、とくにきわめて有利な条件で原油を長期間にわたって供給するという契約と引き換えに、アングロ・イラニアン石油とシェルの中立的な立場を取りつけた。フランス石油の将来は、イラク石油内での原油の取り分を増やせるかどうかにかかっていた。それゆえ、フランス石油は別口で石油供給に恵まれ、いきおいイラク石油の可能性の発展にあまり乗り気でなくなった提携企業のなかで孤立する危機に瀕していた。こういう危機的な状況にさらされて、フランス石油は迷わず、アメリカ企業やイラク石油、その他の提携会社を相手取った法的手段の準備手続を開始した。しかし、最終的には一九二八年と同様に訴訟には至らず、一九二八年当初の協定を緩和して、全署名企業が満足できるような合意がなされた。この合意によると、赤線協定と呼ばれる制限条項が廃止され、これを望んでいたアメリカ企業グループはアラムコの参入が可能となったほか、株式保有数に応じた権利だけでなく、各グループから示される需要を考慮して生産開発計画には柔軟性が取りいれられた。そして、フランス石油の求めにより、将来の原油需要の増加を満たせるような措置が取られることとなった。将来の需要に対処するため、各社はキルクークと海上輸送の積載港として整備されるシリアのバニアス間に口径七五〜八〇センチメートルの巨大なパイプラインを早急に建設することを決定した。年間二〇〇〇万トンの送油能力を有するこのパイプラインの建設は一九五一年一月に開始され、一九五二年八月にその利用が始まった。その一方で、アラムコがカルフォリニア・スタンダード石油、テキサコ、ニュージャージー・スタンダード石油、モービルの四社によって最終的に設立された。その出資比率はモービルを除く三社がそれぞれ三〇パーセント、モービルは一〇パーセントであった。こうして各社の野望は満たされたのだった。

## Ⅲ　価格の世界的な構造革命（一九四六年〜五〇年）

第二次世界大戦直後の時期は、アメリカでの生産量はその需要に追いつかず、そのためアメリカの石油輸出はいわば付随的なものになっていた。そのころ、中東がヨーロッパだけでなく、急激に石油の供給不足に陥ったアメリカへの重要な輸出地としての地位を確立した。輸出港を出発する時点の販売価格は、メキシコ湾やカリブ海（ベネズエラ）産の原油価格にアメリカ東海岸までの輸送料を考慮した金額と同程度に合わせた金額に落ち着いた。この新しい価格体系のもとでヨーロッパはアメリカにくらべて有利だった。アメリカでの需要の急増は、アメリカでの価格を上昇させることとなり、それゆえ中東産の原油価格が高止まりすることとなった。中東各国の政府は、彼らの採油権料を価格の高騰に合わせるよう要求した。[1]

（1）中東原油の価格は第一次石油ショック（一九七三年十月）以前は、積みだし港を出発する時点で石油企業が決定していた。つまり「公示価格」と呼ばれたこの価格は、販売業者としての石油会社が決めていた。アメリカでは「公示価格」とは、購入者が流通網の出発点である油田で、明示した量を買い取るために用意した金額のことである。

## Ⅳ　産油国間の採掘権料の調整——利益折半協定の制定

石油産業の発祥地であり、最大の生産国（一九四五年当時、ベネズエラの五倍、中東の八倍、ソ連の一一倍）だったアメリカでは、石油業者が土地所有者に支払う油田使用料は、一般的には油井に掲示された原油価格の一二・五パーセントだった。[1] ベネズエラや中東などの国々では、公権力があらゆる天然資源、とくに石油鉱床の所有者と見なされていた。国から鉱床の採掘権を与えられた者は、国に相応のロイヤリティーを支払わねばならなかった。このころまで、通常、ロイヤリティーは生産量一トンあたりで金額が固定されており、表示通貨の下落の影響を受けないよう、金相場に合わせてスライドあるいはリンクしていた。一九四五年当時のロイヤリティーは、イランとイラクでは一トンあたり四金シリング[2]で、出荷価格の一二パーセントとした国、たとえばサウジアラビアでは一トンあたり一・六〇ドル、ベネズエラでは一・一〇ドルだった。ベネズエラはロイヤリティーの金額と計算方法の見直しを、終戦前から求めていた最初の国である。ベネズエラでの生産量とそれに伴う石油収入は大幅に上昇したが、石油業者（シェルとスタンダード石油が主要企業だった）の利幅はそれ以上に伸びていた。そのため、ベネズエラ政府には利益全体を採掘業者と受け入れ国が折半することがより公平であると思われた。この原則は一九四三年の石油法に反映された。こうして始まった「フィフティ・フィフティ（五〇／五〇）」と呼ばれるこの折半方式は、一九五〇年の協議でアラムコが採用し、それ以後いたるところに広まっていった。だが、アラムコはきわめて手際よく交渉し、ロイヤリティーを利益税と同列に置き、この負担金をアメリカ国庫に転嫁させた。利益税を産油国で支払っていると、アメリカの国庫に支払うべき利益税が控除されるからだ。やや不可思議な性格を有するこの「フィフティ・フィフティ」の折半方式は[3]、当初から歓迎され、長い交渉のすえにイラクでは一九五一年一月一日から、カタールでは一九五二年九月一日から適用されることになった。イランでは採掘権に関する条項の再交渉がより困難な政治的状況下で行なわれ、交渉は重大な危機を迎えた。その経緯を次項で紹介する。

（1）油田の使用量は一トンにつき一ドル程度だった。
（2）イランとイラクのロイヤリティーは、一九五〇年一月一日に一トンあたり六金シリングに引き上げられた。
（3）消費者にとって、時限爆弾的な性格を秘めており、一九六〇年の石油輸出国機構（ＯＰＥＣ）設立時にこれが爆発した。それまでのあいだ、この方法の適用は困難を呈していた。一九六四年十一月以降、ロイヤリティーはコストの一部と見なされ、残った利益幅の半分も加えられることとなった。それはロイヤリティーの半額を上乗せするのに等しい。

## V　イラン危機とその解決、国際コンソーシアムの創設

イランでの石油生産は戦後五年間で倍増し、一九五〇年には年間三三〇〇万トンのペースにまで達した（イランはこうして世界第三の産油国となった）。その結果、イランには会社の総利益の二〇パーセントがロイヤリティーとして支払われ、一九三三年の協定の文言はほとんど修正されなかったにもかかわらず、その他の特権もきわめて増大した。しかし、高い賃金とさまざまな社会的特権を享受する七万人が働く石油業界を除いて、イランは荒廃と無秩序に陥っていた。モハメド・レザー・パーレビは、ナチスに賛同したことを理由に退任させられた父親に代わり、一九四一年にイラン国王に即位した。内気で優柔不断な若きシャーは、大挙して戻ってきたアヤトラ〔シーア派の指導者〕たちの前で、またツーデ党結成の力強い運動のただなかにある共産党グループの前で、みずからの無力を感じていた。行政と政治に携わるエリートたちの汚職と無能がこの国の混乱を長引かせ、無力感と失望の感情を生みだし、ひいてはイギリスに関するすべてのもの、とくに石油企業に対する憎悪という反応が作りだされた。一九四九年、このあまり好ましくない状況下において、石油企業とイラン政府のあいだで関係を見直すための予備交渉が始まった。このなかで、採掘料の五〇パーセントの増額が予定されており、さらに過去の埋めあわせという名目で莫大な金額がただちに支払われることが決まった。

マジュリス(1)の議員たちは新たな協定を拒絶し、国有化を要求した。そのころアメリカ企業はサウジアラビアで利益折半協定の交渉を開始していた。アングロ・イラニアン石油の会長であったウィリアム・

フレーザー卿は、イランと同じ方式を採用するよう提案した。

（1）国会のことを指す。

アリ・ラズマラ首相は一九五〇年三月にマジュリスで、政府は石油企業の国有化を考えておらず、交渉でつめた新しい協定の採択を求めていると表明した。その四日後に彼は暗殺され、文部大臣もまた数日後に暗殺された。新首相としてモハメド・モサデグが任命された。彼の提案により、マジュリスが国有化法を採択し、一九五〇年五月一日にシャーによって承認された。新首相はシャーにとっても石油業界の交渉人たちにとっても恐るべき政治家だった。きわめて抜け目なく、陰険で捕らえどころがなく、風変わりな人物であったモサデグは、きわめて憂慮すべき状況下で道化師のように振る舞うことができた。政治的には庶民の動きを拠りどころとし、それを扇動さえする超国家主義的なデマゴーグだった。モサデグは国有化法を実施する準備を進め、取引を統制するために産油地とアバダンに特使を派遣した。イギリス人職員は「海軍」の巡洋艦に押しこまれ、イラン人や移民出身の職員たちは現場に留まり、給与の支払いも続いた。すべての設備は、他国が効果的な海上封鎖をしたことで、ただちに停止した。石油の輸出が停止するとそれに伴う収入もなくなった。だが石油の取引とは、蛇口の開け閉めとロイヤリティーの数百万ポンドを受け取ることに留まらず、イラン国外の備蓄、輸送、精製、給油施設や貿易関係といった世界的なネットワークにまで、これらすべてを一元化するように組織されたシステムを通して広がっていることを、いかにして庶民や議員たち、熱狂的になったイラン国民に理解させられるだろうか。イランの国益は、国内の石油施設を再び稼働させるために、協力体制と公平で現実的な利益分配方法を探ることだと、いかにしてイラン側の交渉相手に納得させればよいだろうか。イランの状況が悪化することを望まなかったアメリカは問題点を検討した。そして、国務長官のディーン・アチソンはイギリス政府と相談したうえで、経験豊富で権威があり、政治と外交の世界で要職を経てきたアベレル・ハリマンを派遣した。ハリマンは一九五一年七月にテヘラン入りした。彼はひと夏そこで過ごし、何度も会談を行なうなかで、少しばかりの理屈をモサデグに伝えようとしたが、残念ながらモサデグはかたくなに拒否しつづけた。当時の石油世界の実態はモサデグにとっては無縁のものであり、彼はそのまま無関係でいることを望んだ[1]。

(1) モサデグが、自分が扇動したものだとはいえ、庶民の興奮状態と律法学者たちの敵対行為の被害者だった面があることを指摘せねばならない。ハリマンはアヤトラ・カシャニ師を訪問するのが良いことだと考えていたが、師はハリマンに単刀直入にこう伝えた。「モサデグが譲歩するなら、ラズマラのように血を見ることになろう」。

ハリマンはアメリカに戻った。そしてイギリス政府が派遣したリチャード・ストークスが交渉を引き継いだが何ら進展はなかった。数カ月が経過して、イランの状況は経済面では石油収入の不足[1]という結果から、政治的、社会的側面からも明らかに悪化していた。シャーとモサデグの関係は悪化し、世論はますます不穏になっていた。モサデグを追放してシャーの権威を回復させるため、イギリスとアメリカの秘密機関がシャーに協力を申し出たのは、この危険な状況下でのことだった。ザヘディ将軍が政府を掌握し、モサデグを追放したに違いない。その後しばらく混乱したが、軍部が賛同したシャーに対する国民のかなり高い支持という一つの動きに発展していった情勢に乗じて、将軍はそうしたことを行なった。人びとも結局はモサデグの冒険に引きずりこまれるよりも、王制を支えることを選んだ。しかし、だからといってアングロ・イラニアン石油の状況が解決したわけではなかった。この状況を見極めるため、アメリカは新たにハーバート・フーバー・ジュニアを現地に派遣した。彼は次のような確信を持って任務を終えた。アングロ・イラニアン石油が単独で取引を再開することは不可能であり、国際コンソーシアムがあとを引き継ぐべきであろう。しかし、それ以前に土地の表面も地下の資源もイラン国民の所有物であることを、この原則がもたらす結果とともに認識せねばならない。コンソーシアムはアメリカ企業が音頭を取り、オランダ企業とフランス企業の参加によって設立され、かつての採掘権に関する特別な権利を認めた。加盟候補企業を説き伏せ、署名を受け入れるような協定の準備には、さらに一年を必要とした。ニュージャージー・スタンダード石油の代理人、ハワード・ページは交渉を断固とした態度で巧みに進め、それに対するイラン側の代表者も幸運なことにアミニ博士というすぐれた人物が指揮していた。「イラン国営石油会社」が設立され、すべての石油鉱脈と石油関連施設の所有権を引き継いだが、それらの開発はコンソーシアムに加盟する西側企業に独占的に委ねられた。その内訳は、アングロ・イラニアン石油が四〇パーセント(2)、ニュージャージー・スタンダード石油、モービル、カリフォルニア・スタンダード石油、ガルフ石油、テキサコが各七パーセント、アメリカの独立系企業グループが五パーセント(3)、シェルが一四パーセント、フランス石油が六パーセントとなっていた。

(1) この危機以前は、石油収入が国家収入の五〇パーセント、外貨収入の九〇パーセントを占めていた。
(2) 石油関連施設の六〇パーセントを放棄する代わりに、アングロ・イラニアン石油は約六億ドルの補償金を受け取ったが、うち一五パーセントは即金で、残りについては一バレルあたり一〇セントの割合で支払われることになっていた。
(3) ゲティ石油会社とタイドウォーター石油会社のゲティ・グループの二社、リッチフィールド石油会社、オハイオ・スタンダード石油、シグナル石油ガス会社、アトランティック製油会社、ハンコック石油会社、サン・ジャシント石油会社、アメリカン・インディペンデント石油（アミノイル）の各社。

コンソーシアムが生産する石油は、イラン国営石油に対して原価で引き渡される。イラン国営石油は「公示」価格で販売すると得られたはずの利益の五〇パーセントを受け取れるよう設定された価格で、(加盟各社がそのためにわざわざ設立した)さまざまな販売会社に対して引き渡すという仕組みができた。

こうして、石油コンソーシアムの庇護のもと、すべての石油設備の立て直しが迅速に行なわれたことでイランの石油生産は速やかに再開され、生産量も急激に増加した。一九五二年から五三年には年間一〇〇万トンにまで下落していた生産量は、一九五五年には一六〇〇万トンにまで回復し、その後も増加を続けて一九七三年には約三億万トンに達した。だが、この発展にもかかわらず、シャー、イラン政府、石油会社間で激しい議論を交わしている最中に深刻な状況が勃発することになる。

## VI　中東への新たな参入企業

中東のあちこちに見られた採掘場所を獲得するチャンスを得ることに対する、まったく別の動きが表面化してきた。

一九二二年に始まった国境画定作業において、イラク、クウェート、そしてサウジアラビアのあいだにイギリスが「中立地帯」と呼ぶ二つの緩衝地帯を設定した。一つはサウジアラビアとクウェートのあいだ、もう一つはサウジアラビアとイラクのあいだの地帯である。この中立地帯では、国境を接する両国が同等の権利を持って管理し、石油の権益も折半される。第二次大戦後、アメリカ国務省は「独立系企業」が中東に参入して「メジャー」と競争させるという願望を隠さなかった。かつて「戦時石油管理局」でハロルド・イキスの補佐役だったラルフ・K・デービスは、一九四七年になるとすぐにアメリカン・インディペンデント石油、通称「アミノイル」と呼ばれる独立系石油企業コンソーシアムを形成した最初の人物である。アミノイルはクウェート・サウジアラビア間の中立地帯の採掘権をクウェートから獲得したが、その条件はこれまで適用されてきたものよりも非常に厳しかった。

この同じ中立地帯のサウジアラビア側の権利獲得を望む、別の独立企業も参入してきた。オクラホマの石油地帯でその経歴と富のきっかけをつかんだ石油業界の大物J・P・フェリーである。彼は明確だが寛大な枠組を定め、申請した採掘権の細部をスレイマン蔵相と交渉するためにサウジアラビアに派遣した代理人のポール・ウォルトンに明示した。実際には採掘権はゲティがこの目的のために設立したパシフィック・ウエスタン石油に付与されたが、その条件はアミノイルに課せられたものより、さらに費用のかかるものだった。この二つのグループが共同で進めねばならなかった石油探鉱は困難で、長期間に及び費用もかかったが、一九五三年に六本目の試掘井から硫黄分を含む重質油の大規模な鉱脈が発見された。両グループにとって、これはまさに主要財源であり、とくにゲティは、まもなくアメリカでタイドウォーター石油を管轄下に置いた。一九五〇年代にはさらに二人の人物が、当時としては革新的な考え方を持って、中東での採掘権争いに参入してきた。それはイタリア国営石油会社の命を受けたイタリア人エンリコ・マッティと、アラビア石油会社の日本子会社である日本輸出石油株式会社の創始者である、山下太郎だった。マッティはイランに対して、国有会社であるイラン国営石油と同額ずつ資本金を出して設立する子会社の形で手を組むことを提案した。石油発見までの探鉱にかかる費用は全額イタリア国営石油が負担し、その後の開発と営業にかかる費用は両社が折半して負担する。そして利益は言うまでもなく二つの株主企業のあいだで平等に分配することとなる。このために設立されたSIRIP社では、イタリア国営石油とイラン国営石油がペルシア湾北部の一万一三〇〇平方キロメートルと海上の六〇〇〇平方キロメートルの探鉱を行なうため、同等の権利を持った協力関係を築いた。

こうしてイランは、探鉱を行なう地元企業の独立した出資者となった。この状況はおそらく、計算に基づいて収益の分配を受けるだけの立場よりは居心地の良いものだったが、必ずしも財政的に有利であるとはいえなかった。

山下が中立地帯沖合の採掘権を交渉した相手はサウジアラビアとクウェートだった。山下はまず、皇太子の義理の兄弟だったカマル・アドハムと上手く関わって厚情を受けていたサウジアラビアとの折衝を始め、ついでクウェートとの交渉に当たった。ここでも資本金の拠出を求めず、さらに有利な利益分割（サウジアラビアに対しては五六パーセント、クウェートには五七パーセント）も申し出ていた。日本輸出石油は運が良かった。最初の試掘で目的の石油を発見して一九六〇年一月から生産が開始され、その四年後に生産量は一二〇〇万トンに達した。これらの協定の新方式は、中東での採掘権が大幅な見直しに向から一歩を記すことになった。「受け入れ国」の政府はこれまで以上の要求をするようになった。そして、こうした要求事項は政治的激変が起きた際、露骨に表面化することがあった。一九五一年から五四年のイランや、一九五八年のイラクがそうであり、その間の一九五六年から五七年にかけては中東全域と石油の世界市場はスエズ危機によって大きく揺れ動いていた。

## Ⅶ　一九五六年のスエズ危機

ペルシア湾地域で生産された原油をヨーロッパに輸送する石油業者は、ごく自然に喜望峰経由よりも四五〇〇マイルの距離を短縮できるスエズ運河を通過していた。ペルシア湾地域からの輸出の伸びに伴って石油の輸送量は増大し、運河を通過する船舶は毎月一〇〇隻ほどに達した。

一九五四年、ナセルがエジプト首相に就任した。かたくななアラブ民族主義者だったナセルは、産油国が急速に財を成していくのに対して、運河経由の石油輸送がエジプトにとってはそれほどの収入源になっていないと考えていた。そのため、一九五六年七月二十六日にスエズ運河の国有化を宣言し、ただちに軍隊による占領を行なった。彼は西洋人の水先案内人を追放してエジプト人やソ連人に交代させ、船舶通過料をかなり値上げした。エジプト政府はこうしてヨーロッパ各国向けの石油輸送の大部分を統制し、ヨーロッパ経済の動きに大きな影響を与える可能性を持つことになった。そのため、一夏かけた長期の相互協議がなされたのち、フランスとイギリスはイスラエルと連携して運河地帯を武力によって再奪還することを決断した。一九五六年十月二十九日にイスラエル軍がシナイ半島に攻めこみ、その翌日に英仏軍のパラシュート部隊が運河に上陸した。エジプト軍はシナイ半島から撤退したが、岩石やセメント塊を積みこんだ船舶を運河に沈めることには成功したので、それ以降の通航がまったく不可能になった。

同時期に、ナセルを支持するシリア軍がイラク石油のポンピング・ステーション〔汲みあげ基地〕に損害を与え、キルクークから地中海への送油能力は著しく減退した。しかし、アメリカの圧力とそれ以上にきわめて深刻なソ連の脅威によって、フランスとイギリスは派兵を断念した。

ペルシア湾の石油は、もはやスエズ運河を経由することができず、アフリカ大陸の南端を通過して運送せざるをえなくなった。すぐに船舶不足が起こり、石油の運送料は急速に上昇した。スエズ運河に沈んだままの船を取り除くために世界各国が尽力し、イラク石油は数カ月のうちに損害を受けたパイプラインを修繕した。その間、ヨーロッパとアメリカの石油供給委員会の見事な協力によって、危機の影響は小規模に留まった。原油と石油製品の交換（スワップ）を行ない、輸送量を低く抑え、石油資源をより適切に配分したからである。六ヵ月間でスエズ危機の悪影響を弱めることができたが、この出来事は、目立たない形ではあるが実際にソ連の支持を受けていたアラブ民族主義の波に直面した西側勢力の脆弱さを明らかにしてしまった。さらに、新たな試練がフランスを待ち受けていた。それはサハラでのフランスの石油事業の行くすえに根底から影響を与えることになるアルジェリア戦争だった。

## Ⅷ　イラクの危機

一九五八年七月十四日、カセム将軍を首謀者としたイラク軍による軍事クーデターが起きた。若きファイサル国王とその二人の姉妹、叔父で摂政のアブドゥル＝イラーフと国王の母は宮殿から連れだされ、即座に銃殺された。ヌーリ・パチャ首相は隠遁に一度は成功したものの裏切りに遭い、女装して逃亡しようとしているのが見つかって喉をかき切られた。この事件が原因で一部鉱区の認可、フランス系企業グループが賛同していた増産、そして採掘権料のつり上げを目指してイラク石油が開始していた交渉が中断した。アメリカ軍派遣部隊がレバノンに上陸したあと、事態は沈静化して数ヵ月後の一九五九年一月に交渉は再開されたが、イラク石油の善意は当時の世界の石油市場の状況を受けて、少なくとも生産量の増加に関連するいくつかの領域に限定されていた。

各地で石油生産量が増大し、激しい競争が広まって価格に影響を及ぼすようになった。[1]この困難な状況にあってもイラク石油の生産量は一九五五年から六〇年のあいだに四一パーセントも増え、その後の五年間では三六パーセント増加した。イラクの収入はもちろん、この増産で潤っていた。だがカセム将軍はそれでも満足していなかった。一九六一年十二月十一日、「法令第八〇号」に準拠した政令を発布し、生産性の高い油井のある一九三七平方キロメートルを除いた四二万八〇〇〇平方キロメートルに及ぶ三つの鉱区すべてをイラク石油から取りあげた。現行の取引と生産はそのまま継続させるが、新しい地域はイラク石油が継続して探鉱するのではなく、新規採掘権者[2]だけに許可される。しかしカセムの一徹さは本人に資することはなかった。というのも、一年半後に狂信的な新たな一派によって暗殺されたからだ。これがサダム・フセインが権力と名声へ進む第一歩となった。

（1）第三章XIIを参照。
（2）一九六二年九月末、イラク政府は国有の石油会社であるイラク国営石油会社の創設を発表した。

## IX　イラク石油グループ、ペルシア湾で事業を展開する

イラク石油グループはイラクでは困難な状況に陥っていたものの、ペルシア湾地域では新たな石油生産に成功していた。まず、バーレーン島の南、アラビア半島から突きでた小さな半島であるカタールは石油輸出を一九五二年に開始した。石油生産量は一九六〇年には八〇〇〇万トンを超えていた。だが、最も華々しい結果をもたらしたのは、それよりさらに南に位置する、フランス人が歴史的な追想から「海賊海岸」と名づけ、イギリス人は十九世紀にその地での影響力を確立したことにちなんで「休戦海岸《トリューシャル・コースト》」と呼んでいた、いくつもの首長国が数珠つなぎになっている沿岸部だった。一九五〇年から地質学的、地球物理学的な調査が全域で行なわれ、一九五二年にアブダビの最初の採掘計画が準備された。

一九五四年にそこでマーバン油田が発見され、その二年後に生産が開始された。一九六四年にはさらに南にあるブハサで、翌年にはアサブで油田が発見された。こうして、この地域の産油能力は一九七〇年には二六〇〇万トンにまで達した。アブダビとドバイの両首長国の沖合については、もともとイラク石油グループには採掘が認可されておらず、のちにフランス石油が三分の一、ブリティッシュ・ペトロリアムが三分の二の割合で設立した子会社に採掘権が与えられた。この子会社は、ここで海底探鉱を経営するために立ちあげたアブダビ海上操業会社（ADMA）とドバイ海上操業会社（DUMA）の操業をも担当していた。アブダビ海上操業会社がウム・シャイフとザクムの二つの油田をそれぞれ一九五八年と六三年に発見し、その生産量は次第に順調に伸び、一九七〇年には年間二〇〇〇万トンに達した。ドバイ首長国沿岸の大陸棚は、アブダビ側と同じ鉱物層に属していたが、扱いが難しく生産性はより低いものだった。数多くの油井を採掘しても良い結果は得られず、二つの出資会社は、まだ中東に参入していないアメリカ企業に門戸を開いた。こうして、コンティネンタル石油が株式の五〇パーセントを買い取って石油探鉱を引き継いだので、フランス石油は資本金の六分の一、ブリティッシュ・ペトロリアムは三分の一減額した。コンティネンタル石油は最初の試掘でファテー油田を発見したぶん、他の二社よりも幸運だった。この油田の生産量はすぐに年間六〇〇万トンに達した。しかし、ブリティッシュ・ペトロリアムはアラスカで発見した巨大油田を開発するため、ペルシア湾からの撤退を決定した。フランス石油がブリティッシュ・ペトロリアムの出資分を引き継ぎ、ドバイ海上操業会社への出資は五〇パーセントに戻った[1]。また、イリコン・グループ内でイラン・コンソーシアムの一翼を担っていたアメリカ企業、アトランティック・リッチフィールド社がイラン沖合にササーンと命名された海洋掘削施設を開発した。だが、ササーンは南方へ展開してアブダビ沖合に進出してきた。アブダビの長老はフランス石油に対してこの南側への拡張を許可し、フランス石油はその地域をアル・ブ・クーシュと命名した。

（1）しかしながら、株式の買取費用だけでなく生産コストの負担を軽減するため、みずからが保有する株式の半分を、一〇年間で三二〇万トンをフランス石油から買い取ることを確約したスペイン企業のヒスパノイルに転売した。

こうした試行錯誤が、数年後に北海でおおいに生かされた。

イラク石油グループはアラビア半島のさらに東側に位置するオマーンやドファールでの探鉱に失敗していた。すでに広い産油地域を持ち、現在の生産量と将来の見通しが充分豊富であることを理由に、イラク石油はこの地での探鉱を断念した。探鉱を継続するため、シェルと（グルベンキアンの）出資・投資会社が八五対一五の割合で協力関係を結び、六カ所で試掘を行なったがいずれも失敗した。しばらくしてから出資・投資会社はフランス石油に自社所有株式の三分の二、つまり一〇パーセント相当を買い取らせて、みずからの出資比率を引き下げた。鉱区の操業権者であるシェルは暗中模索ののち、ついに大規模な石油を発見し、このオマーン首長国での生産量は一九七〇年に年間一七〇〇万トンにまで達した。それゆえにフランス石油はオマーンに参入する理由があったのだ。

## X　フランスの石油政策

フランス石油は当時年間七〇〇〇万トンの石油を取扱っていたが、これはフランスの全需要の五〇パーセントに相当した。実のところ、フランスに進出していた他の企業グループが競合して国内の需要を満たしていたのはもちろんであり、その代わりにフランス石油は石油資源のかなりの部分を海外向けに流通させていた。当時の状況をよく理解し、その後の進展をはかり知るためには、いったん時代をさかのぼり、第一次世界大戦以降のフランスの石油政策の道のりを振り返る必要があろう。大戦直後、フランスには二つの大きな問題が存在していた。一つは備蓄の問題であり、もう一つは消費者からの高まりつつある要望を満たすために不可欠なインフラの再整備とその拡張から生まれた大型投資の問題である。当時、フランスの石油販売業者の多くは、自社石油製品の販路を求めていた、国際的な大グループと提携していた。こうしてシェル、ニュージャージー・スタンダード石油、アングロ・ペルシア石油、モービルが参入してきた。

その他の販売会社は、外国企業の誘いに乗らず、それからやや遅れてフランス製油会社に再編された。この戦後の状況から、いかにしてフランスの石油政策が構築され、発展してきたのだろうか。石油を確実かつ豊富に手に入れること、これがフランス石油の設立理由であり[1]、石油産業を国有化せずに統制する、つまり、その発展に必要となる税制優遇を与えつつ輸出と石油精製に関する法令を整備し、タンカーを建造し、フランス全土およびフランスの影響下にある地域での石油探鉱の奨励を目指していた。これらのおもな問題が検討され、その実行は一九二五年一月十日の法律で設置された液体燃料局に委ねられた。一九三九年には液体燃料部に改編され、こんにちでは産業省に統合されている。

（1）第二章Ⅳを参照。

本質的にはこれらの目的はいまだに妥当なものであった。しかし、その達成に至る手段には、統一市場の創設、その適用と制約、エネルギー市場の変容、そしてとくに原子力の持つ重要性の高まり、といった新たな要素を考慮に入れねばならない。

一九二五年一月十日と一九二八年三月三十日の二つの法律で制定された輸入制度では、輸入の独占という柔軟性に欠ける方式が遠ざけられており、フランスの販売業者が築いてきた取引関係を利用することができた。販売業者の取引の自由は完全に残されたが、小企業には概括的な許可、大企業にとっては業種別の許可（最終製品については三年間、精製が必要な原油については二〇年間）を必要とする制度に改められた。

実際のところ、許可は競争の幅をつねに設定するような水準で与えられた。輸入業者や販売業者だけでなく、精製業者に対してもそれは同じだった。

石油精製への税制優遇は、フランス国内の工場で作られた製品に対して課税率を引き下げるとした、一九二八年三月十六日の法律で定められた。ささやかで、こんにちではもう存在しないこの保護策は、輸送費を補填し、処理過程で必然的に生じる欠損や消費、また、必要なエネルギーとして随伴ガスを利用できるおかげで産油地域に近接する製油所が生産コストを安くしていることに対する補填を目的としていた。[1] そういうわけで、一九三〇年代にはフランスの国内需要の大部分をカバーする処理能力を持った約一五の製油所がすぐに建設され、加えて最終製品を大量に輸出できるようにもなった。外国企業グループがフランスの子会社を通して、市場の要請に合わせて生産能力と生産設備を増やし、この産業の構築に貢献したのは明らかである。その一方で、すでに本書で紹介したフランス石油グループが建設した二つの工場[2]の供給能力はフランス全体の供給能力のうち、四分の一に相当していた。複数の製油業者が建設したフランス船籍の石油輸送船団も、この産業に投入された。

（1）このほかに、フランス市場の規模に合わせて当時建設された製油所に対する生産トンあたりの補塡額が、産油地域に造られた工場や大規模輸送港に対するものよりかなり高く設定されていた。新しい産業であるがゆえに、新しい設備を取りいれ、その使用法に慣れる必要もあるため、必然的に多額の減価償却費と開発費が必要となる。さらに、産油地域から遠くなれば、在庫切れを防ぐためにより大量のストックを抱えておかねばならず、ひいてはタンカーの積荷の到着に備えるためにより広いスペースが必要となった。

（2）新たに三つの製油所がストラスブール、メス、ダンケルクに建設された。

戦争の影響を受ける直前の一九三八年、石油の消費量は六五〇万トンにまで増大した。戦争中に工場や油槽所が破壊されたので、この水準に回復するまでに一〇年間を要した。破壊されたり、損害を受けたりした設備の再建が速やかに行なわれたのは、マーシャルプランによって必要な資材をアメリカから買い付けることができたからだった。イラク石油グループに出資していたことと、一九二八年に交わしたグループ協定が一九四八年に適切に修正されたことで、フランス石油はますます大量の原油を所有し、一九五四年以降はフランスの国内需要を超過するようになった。だから、フランス石油は石油精製と流通のための子会社設立と流通網の買収によって、ますます重要性を増した海外向けの販売に力を入れることができた。フランス石油の活動は拡大を続け、アフリカ全域、オーストラリア、ヨーロッパ諸国の大半に進出したのち、北アメリカでは製油と流通だけでなく石油探鉱も行なった。フランス国内では、当初はフランス石油の設立に協力したさまざまな販売業者が業界全体をまとめるように、順にフランス石油に統合されていった。そして、この統合は「トタル」を単一商標と、最終的に会社の名称として採用されることで完成した。こうして作られた組織は、市場の需要の四分の一を供給するのに見合った発展と効率性を上げるための近代化を遂げた。もう一つの石油化学領域は合成樹脂、合成繊維、エラストマー、合成ゴムなどの製品に用いられるオレフィン系炭化水素、芳香族炭化水素といった中間製造物の生産が新たに製油所で行なわれるようになったことを通じて開拓された。このように、原油生産、石油精製、販売の拡大は同時に、各過程を厳格に一本化することなしに進んでいった。つまり、各段階でグループ外との取引を売買両方向で行なうので、必要不可欠な柔軟性がもたらされた。

一九七三年の第一次石油ショック前夜、トタル・グループの原油取扱量は年間七五〇〇万トンに達しており、この数値が一九四八年には約五〇〇万トンだったこととくらべると、この二五年間の軌跡を推しはかることができよう。この発展が活動領域や販路の多様化、原油資源の多様化を回復させたことも忘れてはならない。ここで少し時代を遡り、第二のフランス企業グループであるエルフ・アキテーヌの設立に至るフランスの石油政策における一つの重要な側面について振り返らねばならない。フランス政府は戦間期に石油探鉱を奨励したが、一九四五年以降はそれまで以上に、フランス本土と特別な関係でフランスと結びついた国々での石油探鉱に力を入れた。フランス石油はベネズエラ、コロンビア、メキシコに進出するためのさまざまな試みを行ない、フランスでは一九四一年に国を主要株主とする「アキテーヌ石油会社」が設立された。同社には広い区域に対する石油探鉱の許可が与えられ、一九五一年と五二年には一財産築くこととなるラックの小さな石油鉱床とその下にある大きなガス田を発見した。このガス田は現在もまだ枯渇していない[1]。その他にも石油探鉱に向けた努力が、フランス石油公団のような公的性格を有する組織によって行なわれた。国が石油探鉱に提供しようと考える資本の配分と活用をより適切に規格するため、一九四五年に石油探鉱局[2]が設立された。しかしながら、一八一〇年の古びた鉱山法は石油探鉱の実態にはもはや見合っていなかった。この法律は石油探鉱をより奨励する方向で手を加えられたが、新鉱山法典によって、必要不可欠な近代的な法的枠組を制定したのは一九五六年になってからだった。それは、公的な努力と連携あるいは独立して探鉱のために民間資本を集めるための条件でもあった。こうして一九五四年にエッソ・レップ社がランド地方のパランティスで鉱床を発見し(一九九一年末までに二八〇〇万トンを産出)、その後同社はこの地域で小さな鉱床を六つ発見した。

（1）ラックの浅層からは四〇〇万トンの石油、深層からは二二〇〇億立方メートルのガス（石油換算で約二億トン）が採掘された。
（2）法人格と財政上の独立性を持つこの組織は、石油探鉱の国家プログラムの策定とその確実な実施を目的としていた。石油探鉱局は技術面と財政面の二つの役割を持っていた。毎年、財政法によって投資予算に計上された支払命令の形で多額の助成金が支払われる。それを受けて、石油探鉱局がこの事業の出資先として適切に判断し、局として協力あるいは参加している石油探鉱組織の事業計画と予算を承認する。こうして一九四六年から一九六〇年に三回にわたって策定された五ヵ年計画は、総額で約六七〇億フラン（一九九〇年現在）を必要とし、公的基金からはその約五五パーセントが支払われている。

ガボンでは、エルフ・ガボン社となった公的資本による企業が、数多くの鉱床を陸地、ついで海底で発見した。最初のフランス向けの積み荷は一九五七年に到着した。年間一〇〇万トンだったフランスの輸入量は、それ以後年間一〇〇〇万トンから一一〇〇万トンにまで増加した。こうした成果は、サハラで得られた結果の前では影が薄くなってしまった。サハラ地域はアルジェリア三県に属しており、この行政的、政治的枠組のもとで、一九五〇年頃にフランス石油（一九五三年にその事業を継承するために子会社としてアルジェリア・フランス石油会社が設立された）の一部と、CREPS、SNREPALといった公的資本が過半を占める会社の率先した行動によって最初の探鉱事業が開始された。一九五六年に二つの油田が発見された。まずCREPSがリビア国境のエジェレで、ついでアルジェリア・フランス石油との協力でSNREPALがワールグラの南西に位置するハッシ・メサウドでエジェレよりも大きな油田を発見した。大規模なガス田も同時期にハッシ・ル・メルで発見された[1]。

（1）埋蔵量は九〇〇〇億立方メートルである。このガスを輸出するため、アルズーにガス液化工場が建設された。

その後の数年間も事業の成功が続いた。原油を沿岸地方に、ガスをアルジェとアルズーに送るためのパイプラインがすみやかに建設された。

石油価格が高騰する前年の一九七三年、サハラ地域での石油生産は年間五〇〇〇万トンを超えており、そのうち七〇〇〇万トンをフランス石油会社が、それ以外は公的資本が投じられた企業が生産していた。一九五〇年代末期、政府はそれぞれの独立業者に対して石油探鉱用の多額の投資を行なったが、こうして生みだされたこの業界はまとまりがなく、よりよく統合する必要性を感じた政府は、この業界に欠けており、発見された油田で生産される製品を流通させるために不可欠の精製部門と販売部門を加えた一貫操業グループの枠組を形成させた。こうして、一九六〇年にはフランス石油公団とSNREPAL、およびその数年前に出資先の探鉱会社を傘下においた石油探鉱局が、それぞれ三分の一ずつ資本を拠出して石油総連合（UGP）を設立すると決定した。石油総連合はただちにアメリカのカルテックス社と、カルテックス・フランス社の資産をすべて引き継いで新たに設立された石油産業連合への出資によって、カルテックス社がフランスに持っている石油精製と販売に関する権益の六〇パーセントを買い取ることを申し出た。その他の小規模販売業者も石油総連合が買収した。全体に統一性を持たすため、一九六七年に「エルフ」という商標が採用され、独自の使用色と体裁が考案された。構造的改革の第一段階として、商標の統一が二年かけて行なわれた。フランス石油公団と石油探鉱局は一九六五年十二月十七日の政令によって合併が決まり、一九六六年一月一日以降は石油事業研究公社（ERAP）という新会社が発足した[1]。アキテーヌ石油は資本金の過半数を（石油探鉱局を継承した）石油事業研究公社が拠出し、残りをフランス石油と個人投資家に頼っていたが、取引上いまだ独立を保っていた。アキテーヌ石油と石油事業研究公社の協力関係は、共通管理体制によって数年間は維持できた。だが、より完全な合併の必要性が明らかになり、それは一九七六年に実現した。石油事業研究公社はすべての石油関連資産をエルフ・アキテーヌ国営会社と名を変えたアキテーヌ石油に提供した。石油事業研究公社は存続するが、単なる国の持ち株会社となった結果、上場会社であるエルフ・アキテーヌ国営会社の一部をこの持ち株会社が保有することとなった[2]。石油化学グループのATOはエルフ・アキテーヌ石油とフランス石油・トタルグループが一九六〇年代後半に、現存のものと将来建設するものを含めて、化学分野の施設を共同管理下に置いて設立されたが、最終的には政府の意向によって、同グループがローヌ・プーランの重化学部門を吸収したのを機にエルフ・アキテーヌ石油がいっさいを受け継いだ。

（1）当時の燃料局長アンドレ・ジローは、石油事業研究公社の創設について次のように説明している。「国内の生産者グループ（石油探鉱局とその子会社、フランス石油公団とその子会社、石油総連合とその子会社）を、経営者のやり方で管理し、明確な社内構造において経営者が最高の効率を得られるような人的、経済的手段を所有する多国籍グループと同じ手法で、一つの統合されたグループに実際に作り替える作業だった。そして、このグループができる限り堅固で、自身の地位を高め、石油産業の日増しに競争が激化する環境下でその地位を守る能力を備えるようにしたのだ」。

（2）それ以来、国は株式の一部を売却し、同社の資本金に占める割合は当初の七五パーセントからこんにちでは五一パーセントになった。また、国はトタル株の保有比率も当初の三五パーセントから一五パーセントに引き下げた。同社株の三分の二は実質的には保険会社のAGFとUAPが保有している。

こうして生まれた会社はATO　CHEM（アトケム）と名づけられ、一九八三年にペシネー・ユジーヌ・クールマンの化学部門と合併し、その七年後にはオルケム化学[1]をトタル社と分割して、大部分を吸収した。

（1）かつては「フランス炭田開発公団」の化学部門だった。

その間にエルフ・アキテーヌ・グループは、医薬品部門と化粧品部門でさまざまな事業を展開している企業を上場企業であるサノフィ社の傘下に置いて、これらの分野にも手を広げていった。しかし、石油関連事業はグループの中心事業であり続け、現在もガボンと北海を中心に年間二五〇〇万トンの原油を生産し、フランスでは市場の二五パーセントのシェアを保有して、精製、販売事業を展開しているが、イギリス、ドイツ、スイス、イタリア、アメリカなど外国にも進出している。

## XI アメリカで深刻化する石油不足とその影響

一九四八年、アメリカの石油消費と生産の均衡が崩れた。その後の二五年間で生産量は年間二億七五〇〇万トンから五億五〇〇〇万トンと二倍になったが、同時期の消費量は三倍に増えた。この不足分は石油の大生産地域であるベネズエラや中東、アフリカからの輸入で埋めあわされた。外国への注文が急速に増え[1]、世界市場に大きな圧力を与えたのは言うまでもなく、アメリカと生産国間の関係のみならず、アメリカ国内にも影響を与えた。スエズ危機のあとで、輸送料だけでなく、アメリカに輸入された原油と石油製品の価格も低下した。

(1) 一九六二年には一億トンだったが、一九七一年には二倍、一九七三年には三倍以上に達した。

(2) 第三章XVIを参照。

アメリカの生産業者、とくに小規模独立生産業者[1]はより安価な輸入石油に対していくらか脅威を感じており、公権力による保護を求めた。こうしてアイゼンハワー大統領は一九五七年、多国籍企業に石油輸入量を自主的に一九五六年の水準に制限するよう誓約を求めた。その三年後、アイゼンハワーはさらに踏みこんだ輸入量制限制度の導入を余儀なくされた。一九六三年にケネディ大統領が基準を国内生産に関連づける措置によって規制をさらに強化した。しかし外国からの石油調達は必要不可欠なものとなっており、一九七〇年にニクソン大統領はアメリカ国内の精製業者に業務規模に応じた輸入許可を与えた（小規模業者には大規模業者にくらべてやや多めに許可された）。その後しばらくして、この輸入量制限は全面的に廃止され、一九七三年の危機[2]ではこの状況がうち崩された。というのは、突如輸入石油がアメリカ産石油にくらべてきわめて高価になり、それに歯止めがかかるどころかアメリカ産石油の価格をも押しあげたからである。

（1）アメリカの生産量の四〇パーセントを占め、一般的には国外には進出していない企業を指す。
（2）第四章Iを参照。

## XII　国際市場での価格低下を機に生産国間の協議が始まる――OPECの創設（一九六〇年）

世界の需要は一〇年前から年間七パーセントの割合で増えていたが、中東、アフリカ、ベネズエラで大きな油田発見があり、生産国側がかける圧力のため、市場には豊富な供給量が維持された。加えて、企業間の競争はとくに一九五〇年代後半に激化した[1]。最終製品、とりわけ燃料の価格は崩壊した。二〇パーセントから二五パーセントに及ぶ値引きが行なわれるようになり、公示価格そのものが調整されることがなかったため、公示価格から乖離した原油価格は必然的に下落した。この格差をなくすか、とにかく緩和せねばならないといくつかの会社は考えた。そのため、こう考えたうちの一社が音頭を取って、一九五九年二月に公式な「公示価格」を一バレルあたり一八セント値下げし、一九六〇年八月にはさらに一〇セント引き下げた。この値下げは自動的に産油国に支払われる「ロイヤリティー」

(「公示価格」の一二・五パーセント)と利益幅の相関的な値下げをもたらした。このことで産油国は極度の不満を抱き、一九五九年四月にカイロで最初のアラブ石油会議を開催して、産油国間における緊密な協議の必要性を明確にした。二回目の会議は一九六〇年九月にバグダッドで開催され、サウジアラビア、ベネズエラ、クウェート、イラン、イラクの五カ国は石油輸出国機構(OPEC)を創設し、そのおもな目的は「加盟国の石油政策の調整と統一、そして個別もしくは集団的に各国の利権を保護する最善の方法を決定する」こととされた。[2][3]

(1)ソ連産の製品が大量に市場へ流れこんできたからでもある。当時ソ連の生産量は世界第二位で、ベネズエラの生産量を上まわっていた。

(2)創設国である五カ国に加えて、一九六一年から七五年のあいだにカタール、リビア、インドネシア、アラブ首長国連邦のアブダビ、ドバイ、シャルジャの各首長国、アルジェリア、ナイジェリア、エクアドル、ガボンが加盟した。

(3)この組織の構想と合意に至る過程でとくに重要な役割を果たした人物はサウジアラビアの〔石油鉱物相だった〕タリキ師とベネズエラのペレス・アルフォンソ石油相の二人だった。

最初の一〇年間、OPECは実のところ、石油市場や各社の動向を監視し、対立する勢力を探り、活動戦略を打ちだす準備をするだけだった。この組織が存在しているだけで、企業は慎重になり、とくに一方的な価格の値引きが避けられた。だが、一九七三年十月まではOPECが一つの機関として介入することはなく、石油企業各社と生産国間の話し合いが直接持たれていた。一九六〇年代に行なわれたこの当事者間の対話は、競合国の野心が対立する複雑な政治状況下で展開された。さまざまな産油国の経済競争と、石油企業に対する各国の政治的指導者の自尊心はその規模、構造、権益、[1]行動面においてきわめて多様だった。

(1)とくに石油需要は各国できわめて異なっていた。

それを見ている者たちは、多くのメディアがそうであったように、状況評価と当事者に対する判断において、善悪二元論者的な態度を採ろうとした。状況は多様で正体もつかみにくく、当事者はというと、企業、市民、国家元首の課す制約に左右され、互いに競争心と嫉妬心を燃やす実業家やその直接代理人が、しばしば世論の感情的な要請に従っていた。

## XIII サウジアラビア、イラン、イラクの競合（一九六〇～七〇年）

一九五一年から五四年の危機が沈静化し、イランでは積極的な石油探鉱を行なわれ、多数の油田が発見されたので、[1] シャーは生産量の急増を要求するようになった。シャーが望むペースでの経済成長を実現するには、世界の石油消費量が年間七から八パーセントしか増加しないにもかかわらず、イランの産油量を年間一七パーセントの割合で増やす必要があった。コンソーシアムの加盟企業は、少なくとも中東での一般的な生産量の伸びと同じスピードで増産することを請け負っていたが、二倍の伸びは保証していなかった。この増産の進度は中東全域に連鎖反応を引き起こし、とくにサウジアラビアでは国王がアラムコ・グループに同種の優遇を要求した。こうした要求は、国民の生活条件の向上のみならず、政治的な威信と軍事力の強化ということで説明できる。イランやサウジアラビアはあらゆる手段で圧力をかけた。イランはソ連と手を組む可能性をちらつかせ、[2] サウジアラビアはイギリス外務省やアメリカ国務省への度重なる働きかけを行ない、さらに石油代金を支払う代わりにサウジアラビアへ武器を輸出する、軍備契約という形で反対給付が行なわれた。コンソーシアムはイラン国営石油が新規参入者を引きつけられるように、割り当てられていた鉱区の二五パーセントの返還を承諾した。ついにコンソーシアムは、一九七〇年に二億五〇〇〇万トンの産油量とイランへの一〇億ドルの石油収入という、シャーの望む最低目標を達成するために年間一〇パーセント以上のペースで増産することを約束した。こうして当面は急激な変化を避け、危機を克服できた。イラクの状況はそれ以上に複雑だった。すでに述べた通り、カセム将軍が一九六一年に公布した「法令第八〇号」では、産油地域しか手元に残していないイラク石油と、モスルとバスラにある系列会社の三社の持つ鉱区が二〇〇〇平方キロメートル以下に減らされ、北ルメイラとバスラ近郊のラタウィなど、近年開発が始まったきわめて有望な油田も接収された。それらの回復を第一の目標とした交渉が新任のワッタリ石油相とのあいだで開始された（一九六三年三月）。現実には政治的に不安定な状況のため、実質的な交渉が開始されたのは一九六四年秋のことだった。イラク側は交渉開始早々に新たな要求事項を提示した。それはイラク石油がイラク国営石油との共同石油探鉱を受け入れ、発見、生産される石油についてはイラク石油はマージンの半分を上乗せした価格でイラク国営石油からの買い取りを保証する、というものだった。それでも、イラク石油はこの基本方針を受け入れ、すぐに合意内容の細かい打ち合わせを始めたが、完成には数カ月を要した。折悪しく、努力と忍耐の賜物であるこの合意案を政府が批准することはなかった。一九六五年七月末、新たな混乱が政府を襲ったのだ。ワッタリ石油相は後任にその地位を譲ったが、後任の石油相がこの問題に着手する前に新たな政府が誕生して新しい石油相が着任したからだった。

（1）ビビ・ハキメ、マルン、ラグ・エ・サフィール、ビナク、カルン、サルハンなどの重要な油田がいくつか発見された。
（2）実際にイランはソ連とガスの供給協定を締結した。

イラク石油は増産のために多大な努力をし（一九六三年から六六年のあいだに二五パーセント増産した）、

イラク南部の油田からの輸出を容易にするため、ペルシア湾の一番奥まった場所にあるコール・アル・アマヤで積みだしプラットホームの建設に着手した。しかし、こうした努力は無為に終わった。いまや交渉の時代は過ぎ去り、軍人が表舞台に立つ番となっていた。

## XIV 六日戦争〔第三次中東戦争〕

一九六七年五月、エジプトのナセル大統領はスエズ運河の国連監視団を退去させ、シナイ半島に再び軍隊を展開し、イスラエルへの石油供給を中断させるためにアカバ港を封鎖し、ヨルダンとイラクの支援を得た。この脅威を前にしてイスラエルは黙っていなかった。すべての国境に奇襲攻撃を行ない、宣戦布告した。ナセル側の連合軍は六日間で崩壊し、戦争は終結した。武力衝突は沈静化したが、この短期間の軍事行動は石油産業に重大な影響を与えた。すべてのアラブ諸国はアメリカ、イギリス、西ドイツに対する石油の輸出禁止を布告した。イランはアラブ諸国とは距離を置いたものの、イラク人の水先案内人たちがストライキを起こして、船舶の通航がシャット・アル・アラブ川で止まってしまったため、アバダン製油所からの石油製品は輸出ができなくなった。イラク各地から地中海に向けたパイプラインは破壊され、スエズ運河の航行は遮断された。こうしてヨーロッパは石油供給量の四分の三を失い、アメリカもかなりの部分を失った。石油生産が伸長しつつあったナイジェリアでは、産油地帯のビアフラで内紛〔ビアフラ戦争〕が勃発し、状況はさらに複雑になった。各石油企業の緊密な連携が生まれたので、経済協力開発機構（ＯＥＣＤ）が非常事態宣言を発動し、アメリカ司法省がそれを認可するとすぐに禁輸措置の影響をかなり軽減する方向へ動きだした。使用されていない石油は、船舶用を可能な限り少なくして効率よく使用された。輸送能力は第一次スエズ危機のときよりも向上していたが、弱点であることに変わりはなかった。しかし、多量の原油と石油製品が予防的に備蓄されており、その備蓄をおおいに利用した。最終的には、二ヵ月も経たないうちに石油禁輸下にあった国々への供給はほぼ平常に戻った。禁輸措置はすぐには効果が出なかったのだ。アラブ諸国は石油による収入が途絶えつづけることになるとすぐに理解し、九月以降は禁輸措置を解除すると決定した。こうして危機は過ぎ去ったが、新たな困難が別の場所で生まれていた。

## XV　リビアでの石油発見とカダフィの登場

二十世紀のなかばまで、地中海の南、エジプトからチュニジアのあいだに一五〇〇キロメートルにわたって広がるリビアの砂漠地帯での経済展望は、ほとんど開けていなかった。だが、石油の存在を示す兆候に地質学者が興味を持ち、彼らの調査結果を見た石油会社はリビア政府に採鉱の許可を願いでた。リビア政府は多数の企業を誘致し、競売のシステムにより企業間で活発な競争が生まれるように、鉱区を細かく区切って割り当てることを決定した。当時施行されていた公示価格の二〇パーセントを権利金として支払うとする規則に加えて、この権利金を支払ったあとで「利益折半」を行なうことが一九五五年に採択された石油法のなかに含まれたが、この利益計算は数字上の公示価格ではなく、実際の販売価格に基づくものとされた。一九五七年に最初の割当では一七社に対して八七鉱区の採掘権が承認された。

最初の油田は一九五九年春に発見された。ニュージャージー・スタンダード石油が、軽く硫黄分の少ない大きな油田をゼルテンで発見した。海岸から約一五〇キロメートルしか離れておらず、アクセスが容易であり、そのうえ大規模なヨーロッパ市場に近く、中東よりアメリカ東海岸の製油所にも近い。この成功ののち、続々と新しい油田が発見されるこの地域が脚光を浴びるようになった。ニュージャージー・スタンダード石油、モービル、ガルフ石油、ブリティッシュ・ペトロリアム、シェルといった大グループが大量生産を展開しただけでなく、ハント石油、コンティネンタル石油、あるいはオキシデンタル石油といった数多くのアメリカの独立企業も輝かしい成功を収めた。同様に、リビアの産油量も目覚ましく増加し、一九六五年には約六〇〇〇万トンだった生産量は一九七〇年には一億六〇〇〇万トンに達した。こうしてリビアは一〇年のうちに世界第五位の石油輸出国に成長した。リビア政府と操業する企業にとってはドル箱産業だったが、ちょうどそのころ、イドリス国王は追放され、カダフィ大佐が最高権力者の地位に就いた。世界的な石油供給者となったリビアの置かれた戦略的な地位に気づいたカダフィは、石油市場に大きな打撃を与える事件の張本人である。この事件については、のちほど述べることとする。

リビアの石油生産が文字通り爆発的に急増するころ、サハラ地域での生産も発展を遂げ、アフリカのさらに南部にある新たな産油地域でも事業が開始された。ナイジェリアではシェルとブリティッシュ・ペトロリアムが共同で、一九五六年にニジェール川のデルタ地帯にあるオロイビリで初の油田を発見した。一九六一年になるとシェルの採掘権は消滅し、イタリア石油公団（AGIP）、ガルフ石油、モービル、エルフといった新規参入会社に再配分され、これらの会社も数年後に新たな油田を発見する。ニジェール川のデルタ地帯が産油地域であることが明らかになり、数多くの石油鉱床が発見された。とくにガルフ石油が音頭を取って始めた海洋探鉱で、一九六四年に最初の沖合油田が発見された。ナイジェリア産の原油は一般的に軽く、硫黄分が少ない。ナイジェリアの生産量は増大し、とくにアメリカへの輸出に支えられた。こうして一九六〇年には年間一〇〇万トンだった生産量は七〇年には五三〇〇万トン、七四年には一億一一〇〇万トンに達した。ナイジェリアは国営石油会社（のちのナイジェリア国営石油会社）を設立した一九七一年に、ようやくOPECに加盟した。同社は国内のすべての油田で過半の資本参加を果たし、シェルとブリティッシュ・ペトロリアムがハーコート港に建設した製油所を引き継いだ。ついでナイジェリア各地で作られた最終製品の供給や輸出用の加工を行なうため、内陸部に製油所を新たに建設した。

## XVI　西側諸国は石油への依存度を高める

六日戦争とその後遺症や、イラクとのあいだの緊張の高まりから、イランやサウジアラビアまでがすべての石油の大消費市場を警戒していた。だが西側諸国はエネルギー需要、化学産業の原料の需要を満たすため、ますます石油へ依存するようになった。

大気汚染と鉱山の安全に関するアメリカの法律ができたことで、石炭産業は新たなハンディを負うことになった。環境保護を求める圧力も強まり、原子力計画を抑制し、ほとんど停止させたと言っていい。その代わり、ヨーロッパや北アメリカでは、石油に対する新たな将来への展望が開けた。ヨーロッパでは、北海が豊富な石油を供給する新たな産油地域となったが、開発は困難で長期間に及ぶことになる。[1] アメリカでは六日戦争のころにはまだ国内需要の八〇パーセントを国内の生産量でカバーしていたが、メキシコ湾とカリフォルニア沿岸の有望な海域を開発する必要があると思われていた。それに加えて、一九六七年にアラスカ北部で広大な油田が発見され、[2] 莫大な量の石油生産が見込まれた。こうした有利な要素は、将来の石油供給や供給量、また世界の平均的なインフレ率に対して著しく低くないと期待される価格面においても西側諸国を安心させるものだった。[3] こうした展望を根底から覆す事件が一九六九年に勃発した。同年二月、カリフォルニア沿岸の海底油田で事故が発生し、サンタ・バーバラの海岸が深刻な汚染を被った。行政はこの区域の石油探鉱を無期限で中断させた。ほぼ同時期に、別の計画について、二審である連邦控訴裁判所が、個別の金銭面の事情のみならず、公的利益の名のもとで裁判所に持ちこまれたすべての訴訟も受理可能だとする判決を下した。この判決はエコロジストの訴訟能力を相当広げることとなり、エコロジストは連邦裁判所にアラスカのパイプライン建設の中断を命じさせた。この判決は最終的な障害ではなかったが、開通が一九七七年までずれこんだ。一九六〇年代、本書ですでに述べたように、OPECは行動規則を組織し、構築しようとしたが、石油の表舞台にはOPECの名で介入することはなかった。それに対して、産油国との協議はきわめて困難で、その障害が消えることはなかった。しかしながら、石油の消費は急速に増え、ヨーロッパと(一九七〇年以降の)アメリカの石油供給は、これらの地域やリビア、アルジェリアといったアフリカ北部にますます依存するようになった。アメリカへの輸入量自体が増え、その結果、一九五八年に制定された輸入量制限は一九七三年にやむなく撤廃された。[4]

(1) 北海に炭化水素が豊富に存在することは、一九五九年にオランダのフローニンゲンでガス田が発見され、ついでそこから少し北に位置するイギリス南東部の沖合で海底ガス田が発見されたことで明らかになった。一九六五年にはヨーロッパ系コンソーシアム（ベルギーのフィナ、イタリア国営石油、エルフ、トタル）を率いるフィリップス石油がエコフィスクの豊かな石油鉱床を（三二回の失敗のあと）三三回目の掘削で発見した。この他にもブリティッシュ・ペトロリアムによるフォーティーズ油田（一九七〇年）、エクソン・シェルによるイギリス領海域のブレント油田（七〇年）、スタットオイルとモービルによるノルウェー海域のスタットフィヨルド油田（七三年）など、数多くの油田発見が続いた。

（2）一九六四年にブリティッシュ・ペトロリアムとシンクレアのコンソーシアムはアラスカでの石油探鉱を決定したが、六つの試掘井が失敗に終わったあとで中止された。エクソンとアトランティック・リッチフィールド社（ARCO、アルコ）による別のコンソーシアムは、一九六五年にプルドー湾近郊で探鉱を開始し、一九六七年十二月二十六日に二つ目の試掘井が豊富な埋蔵量を持つ油層を発見した。南西部の海岸に原油を送るため、輸送量の大きな一二五〇キロメートルのパイプライン建設が決定された。その間に、アルコとブリティッシュ・ペトロリアムはシンクレアの資産を分配し、ブリティッシュ・ペトロリアムは一九六九年にオハイオ・スタンダード石油への五三パーセントの資本参加と引き換えに、所有する採掘権を同社に譲渡した。

（3）一九六八年十二月十八日付でヨーロッパ委員会に提出された「ハーベルカンプ報告書」には、この点について特徴的な記述がある。「中東原油の弾きだした価格は、長期的に見ても（実質的な購買力に対して）最高水準に達していた」。

（4）中東および北アフリカからのヨーロッパとアメリカへの輸入量は以下のような変遷をたどってきた（単位は一〇〇万トン）。

| | ヨーロッパ | アメリカ |
|---|---|---|
| 一九六〇年 | 一六〇 | 一七 |
| 一九七〇年 | 四三〇 | 一八 |
| 一九七三年 | 六三五 | 八〇 |

原油と石油製品のアメリカへの輸入の総計は約三年間で倍増し、一九七三年には三億トンに達した。相関的に、OPEC加盟国全体の収入は増大し、実質的に一〇年間で一七七パーセント成長した。

輸出大国はこうして消費国に対するかなりの「交渉力」を獲得したのだった。輸出国はそのころまで操業会社に生産量を増やすよう圧力をかけ、それにより国家収入も増加したが、単位量あたりの採掘権料が増額されることはなかった。[1]

（1）一九六〇年から七〇年のあいだに、ドル換算による一バレルあたりの実収入は一三パーセント増加したが、アメリカの卸価格の上昇を考慮に入れると、購買力ベースでは七パーセント低下したことになる。

こうして徐々に実現された生産国の石油資本は、代替可能で一新されることはなかった。しかし、その「資本」の譲渡条件を向上させるため、操業権を得て生産している会社を通して、消費国に対してできるだけの影響力を行使せざるをえなくなっていた。

# 第四章　激動の時代（一九七〇〜九二年）

## I　「現状」の中断――第一次石油ショック

一九七〇年、スエズ運河はいまだ閉鎖されていた。海運の輸送量は充分だとは言い難く、そのため運送料は高騰していた。地中海沿岸諸国で手に入る原油は、ペルシア湾岸産より有利な条件にあり、地中海での原油生産は増大した。

一九六九年九月にカダフィ大佐がイドリス国王に代わってリビアの政権を握ってから、減産を求める形で石油生産計画に介入した。一九七〇年四月、アラビア半島を横断するパイプラインによる石油輸送は、「アクシデント」がシリアで発生し〔パイプラインにトラクターが衝突し、破損〕、シリアが修理を拒絶したために中断した。一九七〇年九月、石油資源の大部分をリビアから得ていたオキシデンタル石油は、（すでに一方的に四〇パーセントの減産が実施されていた）生産の完全停止を避けるために、公示価格の顕著な高騰と、[1] 建前の利益税率が五〇パーセントから五五パーセントに上がるのを受け入れねばならなかった。[2] そのころ、石油輸出国機構（OPEC）は新規則の普及のために動いた。五年の期限で二つの協定が調印された。一つは一九七一年二月にテヘランにおいてペルシア湾岸諸国間で締結されたものであり、もう一つは一九七一年四月にトリポリにおいて地中海沿岸諸国間で締結された。これら二つの協定はいずれも公示価格の即時引き上げと、毎年一定額ずつ増額することを定めていた。

（1）第三章XVを参照。

（2）「利益折半協定」はいくつかの採掘権譲渡契約ではすでに守られていなかった（第三章VI参照）。オキシデンタル石油のケースでは、買い手に転嫁不可能な税金の「未納分」を納めるよりも、取引先に請求可能な増税を受け入れるほうが好都合だった。

一九七一年八月と七三年二月のドル切り下げによって、さらに二つの協定がジュネーブで締結された。アメリカ通貨の購買力低下を補うための「公示価格」の引き上げを定める協定が、一九七二年一月と七三年六月に締結された。

しかし、新しい公示価格は即座に再検討された。一九七三年九月からOPECはその見直しを求め、石油各社の代表にウィーンで十月八日に開かれる会議への参加を呼びかけた。

そして、事態は急転した。一九七三年十月六日、エジプトとシリアがイスラエルに奇襲攻撃を仕掛けたのだ。それでも会議は予定通り開催された。サウジアラビアのヤマニ石油相が統括するOPECの代表団は公示価格の倍増を要求し、石油企業はみずからの立場を明らかにする前に自国政府に意見を求めた。政府の意見はほぼ一致していた。それは、要求された値上げ幅が大きいため、当面はいかなる適切な対案も提出できず、OPECに検討期間を求めたいというものだった。

現実には、平行して起きている武力紛争がもたらした懸念は、生産国側による条件の押しつけを許した。十月十六日にペルシア湾岸六カ国が公示価格の大幅値上げを決定し、他の輸出国もすぐそれに倣った。

これは歴史的な転換点となった。というのも、一九六〇年以前は石油企業間で決定された公示価格は、その後石油企業と産油国間の交渉で決められるようになり、いまや生産国側で決定することになったたからだ。

その間、十月六日に始まった戦闘行為は類稀な激化をたどった。イスラエル軍はソ連から供与された豊富な軍備を擁するエジプト・シリア両国軍を相手に辛うじて防戦しており、弾薬使用量と物的被害は予想を上回るものだった。十月九日になると、イスラエル軍は弾薬や物資を再補給できる可能性がほとんどなくなり、きわめて危険な局面を迎えているように見えた[1]。

（1）ダニエル・ヤーギンの『石油の世紀』によれば、イスラエルの国防相モシェ・ダヤンはゴルダ・メイア首相に「第三神殿が陥落しつつある」と告げたらしい。（『石油の世紀　下巻』（日高義樹／持田直武訳）、二九二頁）。

時期を同じくして、ソ連はエジプト・シリア両国軍へ大量の武器供給を行なった。イスラエルの崩壊を容認できなかったアメリカ政府は、アメリカ空軍を使って、イスラエル軍が自衛のために必要としているものを現地に送り届けることを決定した。状況はただちに回復し、戦争は十月二十六日に終結したが、石油問題は解決を見なかった。

この紛争のあいだ、アラブ各国は先進工業国にイスラエルへの支援を断念させるために「石油の圧力」を行使しはじめた。十月十七日、イラクを除くアラブ石油輸出国機構（OAPEC）[1]の全加盟国は「イスラエルが完全に占領地域から撤退し、パレスチナの人びとがみずからの権利を取り戻すまで」、石油の輸出を月間五パーセント減らすことを決定した。

（1）OAPECの加盟国は、アブダビ、アルジェリア、サウジアラビア、バーレーン、ドバイ、エジプト、イラク、リビア、クウェート、カタールである。

これらの国々は十月二十一日にアメリカ、オランダ、ポルトガル[1]、南アフリカ共和国、ローデシア〔現ジンバブエ〕への石油禁輸を決定した。

（1）ポルトガルは、イスラエルへ向かうアメリカ空軍機が燃料補給をするため、アゾレス諸島への着陸を許可していた。

十一月四日には月間五パーセントの輸出減が二五パーセントに引き上げられ、[1]石油市場は再び悲観的な気分に包まれた。OPECはこの機に乗じた。十二月二十三日にテヘランで新しい、非常に高値の公示価格を設定したのだ。

（1）「友好国」への供給は、当然のことながら優遇措置の対象となった。

こうして石油の価格水準は三ヵ月足らずのうちに四倍に跳ねあがった。

こうした結果を受けて、数週間後に石油の禁輸は解除され、市場は新たな価格水準での量的均衡を急速に回復した。

## II 石油企業の国有化

産油国は、採掘権を与えた企業が建設し、拡張した施設を手に入れようとつねに企てていた。本書ではすでにメキシコやロシア、そしてルーマニアでの事例を見てきた。しかし一九七〇年以降、国有化の動きが広がった。加盟国に協議の枠組と機会を提供してきたOPECそのものが、言ってみればこの傾向に拍車をかけるきっかけとなった。国有化の動きはこの項の末尾にある年表の順に広がっていった。ペルシア湾岸諸国は、世界市場に従来の石油会社以外のルートで多量の原油が入ってくるのを避けるため、[1]コントロールを徐々に強化したいと考えていたのだが、地中海沿岸地域を発端に、すべての鉱区が次第に国有化されていき、価格崩壊をもたらす恐れがあった。

(1)国有化されると必然的に国営企業が生産された原油を買い受けることになった。その初期には、かつての操業企業に、わずかに優遇した価格で原油を販売するのが普通だったが、その後、販路は多少なりとも多様化していった。

石油企業へ支払われた補償金は簿価で算出されるのが常だったので、市場価格にくらべて低いものとなった。こうして、中東と北アフリカの権益は(数少ない例外を除いて)一九七一年から七五年のあいだに次々と国有化されていった。

ベネズエラの石油産業も一九七六年一月一日に国有化された。インドネシアは企業が生産された石油の一部を受け取る権利という形で利益分配を受けられるようにして、採掘権制度を開発契約に切り替えた。ナイジェリアが同様の制度を取り入れるのは、しばらくのちのこととなる。

## おもな国有化の年表

一九七一年　アルジェリアの権益が国有化される

一九七二年　イラク石油が国有化される(イラク北部地域)

ペルシア湾岸各国(サウジアラビア、クウェート、アラブ首長国連邦、カタール)が全権益の二五パーセントを接収し、一九八二年に国有化率が五一パーセントに達するように国有分を増やしていくことが定められる(ニューヨーク協定)

リビアでオキシデンタル石油、コンチネンタル石油やその他メジャーの子会社が国有化される

一九七三年　バスラ石油に対するエクソン、モービル、シェルの各社出資分が国有化される(イラク南部地域)

一九七五年　ペルシア湾岸各国の権益保有率が二五パーセントから六〇パーセントに引き上げられる
クウェートの権益が国有化される
バスラ石油のトタル・フランス石油、ブリティッシュ・ペトロリアムの保有分が国有化される
一九七六年　サウジアラビアのアラムコが国有化される
カタールの全権益が国有化される

## Ⅲ　第二次石油ショック（一九七九〜八〇年）

第一次石油ショック以降流れた月日のなかで、北海油田の開発、アラスカの石油パイプラインの操業開始、カンペチェとレフォルマの広大な油田で一九七二年に石油が発見されたメキシコの石油生産量の急増によって、西側諸国への石油供給におけるOPECの役割は低下しはじめた。競争が激化するにもかかわらず、OPECは市場のコントロールを手放さなかった。そのため価格が下がらないだけでなく、インフレ率に応じて値上げさえされた。

石油の慢性的欠乏に対する不安は一九七四年以来、石油業界のみならず各国の政府にも根づいていた。というのも、多くの人びとが石油危機は地球上の限りある資源という問題が明確になったものと受けとめたからだ。限りある地球の資源については、一九七二年に発表された最初の『ローマクラブ報告書』（「成長の限界」というタイトルで知られている）がメディアを通じて広く反響を呼び、人びとの関心を引きつけた。

そこから生まれた一種の「強迫観念」が、数多くの研究による悲観論と相まって一九八〇年代初頭まで続き、原油価格は並はずれた高値で推移していた。

実際には、第二次石油ショックの直接的な原因は、世界第二位の石油輸出国だったイランが輸出を減らし、その後三カ月強にわたって輸出を停止したことだった。しかし、石油ショックが大規模かつ長期間にわたったおもな理由は、先述した石油不足の強迫観念だった。これまでイランは最も確実な原油の調達源と見なされてきたが、事態が急転したため、多くの石油産業が不意を突かれることとなった。

シャーが促進する経済発展政策はイラン社会の多くの場面で問題を引き起こさずにはいかなかった。この政策はまた、シーア派で保守主義の聖職者の王宮に対する敵意をも増大させた。この宗教界の反対派の中心にいたのは熱狂的な宗教指導者であるホメイニ師で、先代のシャーがシーア派指導者たちを追放したことをおそらく覚えているはずだった。

現在君臨するシャーが最高権力の地位に就いたときから、ホメイニ師は彼を執拗に攻撃し、その代償として投獄されたのち、イラク、そしてフランスへと亡命せねばならなかった。イランでは彼を小馬鹿にした一本の新聞記事が発表されたのを機に、デモ行進が激しい弾圧にもかかわらず広がった。シャーは早急に鎮静に向けた措置を試みたが、何の効果もなかった。すでに癌に冒されており、二年後にはこの世を去ることになるシャーは国際世論、とりわけアメリカからほとんど支持を得ていないと感じていたため、ついには秩序の回復を断念したようだ。

動揺は続き、ストライキはとくに石油業界で頻発した。石油の輸出は徐々に減少し、十二月二十五日に完全に停止した。孤立無援のシャーは一九七九年一月にイランを離れた。ホメイニ師は数週間後にエールフランスのチャーター機で帰国した。テヘランに到着したホメイニ師は歓喜の声で迎えられ、保守派による政府を樹立した。

石油の面では、イランの石油輸出が減少、そして停止したことで、予想通り一九七八年末に石油価格は高騰した。だが、需要と供給の不均衡はイラン以外の輸出国、とくにサウジアラビアが生産量を増加したことで長続きしそうになかった。供給不足は一九七九年の第二四半期には解消された[1]。

（1）イランの輸出は一九七九年三月に徐々に再開された。

石油価格の高騰の波は、夏には沈静化するはずだったが、そうはならなかった。石油価格は一九七九年いっぱい値上がりを続け、一九八〇年の第一四半期に入ってようやく、七八年の約二倍の水準で安定した。

実際のところ、信頼できる情報の欠如が「危機への強迫観念」を引き起こした。それが持続したため、輸出国は危機から生まれた価格面での優位な立場を利用できたのだ。

一九八〇年九月二十二日、新たな紛争が勃発した。イランとの国境を、サダム・フセイン大統領が望んだシャット・アル・アラブ川の東岸ではなく川の中心とすることをイラクが受け入れ、一九七五年に調印された協定を破棄するため、イラクはイランに侵攻した。イラクはかつて蜂起したクルド族に対してイランが行なっていた援助の中止を引きだすため、国境問題では譲歩していた。イラク軍にはソ連製の軍備が揃っており、よく訓練されていた。専門家はイラクが早期に勝利すると予想したが、勝者も敗者も決まらないまま、八年間にわたって続いた。

イラクの輸出は、シリアが自国内の石油輸送を禁止し、空中戦の舞台となったペルシア湾経由の輸出が不可能となったことで大打撃を受けた。多数のタンカーが損害を受け、そのためイランの輸出量も再び減少した。イラクにはトルコを横切って東地中海のイスケンデルンに抜けるルートだけが残された。

世界的な石油供給量の減少が市場に与えた影響は、わずかなものでしかなかった。市場価格はいったん急騰したあと、一九八一年の第一四半期になると下落を始めた。それは、供給と需要が再び均衡したことを意味していた[1]。

（1）西側諸国の石油消費量が一九七九年の二四億七〇〇〇万トンから八〇年には二一億八〇〇〇万トンに減少しただけでなく、OPEC非加盟国の供給量は一九七九年の一〇億二〇〇〇万トンから八四年には一三億一〇〇〇万トンに達し、その水準は引き続きほぼ安定していた。

## Ⅳ　石油価格の下落とその反動（一九八六年）

一九八二年初頭、石油価格は数週間で暴落した。OPECは加盟国に生産割当を課し、供給量を制限する決定を下した。その割当量が遵守されたとはいえず、原油価格は第四四半期から再び崩壊した。

事実、石油不足への不安感は一九八二年にはすでに薄れてきており、供給過剰の現状を前に姿を消した。こうした変化を受けて、石油会社は長期契約による買い付けから徐々にスポット契約（現物取引）に切り替えるという冒険に踏みきった。スポット契約はより安価で、やがて市場の取引の半分を占めるようになった。

生産者がこの生産割当をさらに守らなくなったことから、OPECは一九八五年十二月に加盟国が自国の市場シェアを守ることよりも経済政策を優先してもよいとする決定を下し、その結果として、価格交渉が顧客ごとに行なわれることとなった。輸出国間の競争は原油価格の崩壊を引き起こし、四カ月間で四分の三にまで下落した。この事態の深刻さを前に、イラクを除くOPEC加盟国は一九八六年八月に新たな生産割当に従うことを受け入れた。ノルウェーやOPECに加盟していない国々（メキシコ、アンゴラ、中国、エジプト、マレーシア、オマーン、北イエメン）、そしてソ連も輸出量の引き下げに加わった。石油価格は再び上昇しはじめたが、もとの水準には戻らなかった。その後、原油価格は世のなかの出来事に応じて上下しつつ、一般的には一九八五年の半分から四分の三の価格帯で推移していった。

だが、一九九〇年八月二日、イラクのサダム・フセイン大統領は自国軍を派遣して一夜でクウェートを占領した。この作戦が成功したのを見て、イラクがみずからの圧倒的な軍事力を使ってサウジアラビアに侵攻するのではないかと懸念された。そうすると、イラクが世界の石油埋蔵量の四〇パーセントを手中に収めることになる。この不安材料によって原油価格は二カ月で二倍に跳ねあがった。

アメリカ軍の急派によってサウジアラビアの安全が保障されたことで石油市場は落ち着き、原油価格も危機以前の水準に戻った。イラクがクウェートからの撤退を拒否したため、国連は武力行使を容認した。アメリカ遠征軍が強力に支援する多国籍軍がイラク軍を撤退させたが、イラク軍は撤退前に約八〇〇の油井に火を放ち、その懸命な消火活動は八カ月にも及んだ。

一時的な過熱を除いて、この紛争は市場に対してほとんど影響を与えなかった。平穏な状態が戻ってきたことで原油価格は以前と同じ水準で緩やかな上下を続けた。一九八六年以降、世界の石油需要が幾分回復し、価格の安定した状況が比較的容易に維持でき、市場は徐々に均衡状態を取り戻した。

## V　第一次石油ショック以降の石油消費国の状況

一九七三年秋の出来事は、多くの石油消費国の石油供給に深刻な混乱をもたらした。各国は石油需要を減らすため、緊急措置を採らねばならなかった。

また、新たな石油危機による経済的な影響を軽減するため、独自の措置も適用しなくてはならなかった。この目的のため、経済協力開発機構（OECD）が一九七四年十一月にアメリカ、カナダ、日本、フランスを除くヨーロッパ経済共同体（EEC）の八カ国などを含む一八カ国で構成される国際エネルギー機関（IEA）を創設した[1]。

（1）フランスは一九九二年に加盟した。

フランス政府は、輸入国がOPECと対峙する共同戦線を張っているかのように見えるIEAに加盟するには時期が悪いと判断した。外交活動を選んだフランス政府は一九七五年十二月にパリで先進工業国と第三世界の国々の会議（南北対話）を開催したが、長い交渉でもこれといった結論は何ら出なかった。それは、ヨーロッパ共同体（EC）とアラブ連盟の二〇カ国の代表者による一連の会議（ユーロ・アラブ対話）でも同じだった。

消費国において、エネルギーに関する新しい状況に適応することが、石油の輸入量を減らすという共通目標を目指す行動計画の対象となった。そのためには、エネルギーを合理的に利用することでエネルギー消費、とくに石油消費を縮小し、石油の代替エネルギー（ガス、石炭、原子力）の利用を促進し、万一の場合には既存の油田やガス田の開発を加速させることになった。

ECは、エネルギーの節約と石油に代わる他のエネルギー源の利用にとくに力を入れた。フランスの計画はこれと同じ方針を取り入れたものだったが、一九八一年までは原子力エネルギーの開発に重きを置いたことで一線を画していた。

アメリカではニクソン政府がアラスカでのパイプライン建設を承認し[1]、一九八〇年までを目標とした、「エネルギー自立」プログラムを公表した。このプログラムは国内資源を開発して一九八〇年までに国家のエネルギーの自立を目指すというものだが、この開発はエコロジストの反対に直面し、実現不可能な状態に陥った。これに反して、一九七七年に作られたカーター計画は、主としてエネルギーの節約に基づいていた。

（1）第三章XVIを参照。

実際、二度の石油ショックは石油需要の増大ペースを弱めた[1]。そして西側諸国ではとくに一九七九年から八五年のあいだに受けた影響が大きかった。それは、石油価格の高騰による需要の縮小、政府の取った措置の波及力、進みつつある産業改革（重工業の衰退、電子工業などエネルギー消費が少なくて済む産業の発展）など、さまざまな要因が絡みあったためである。消費量が再び増加しはじめるのは、一九八六年に入ってからのことだった。

（1）西側諸国での消費量は一九七三年二三億トン、七五年二五億トン、八五年二二億トン、そして九一年には二五億トンと推移した。石油ショックによる需要の減少には先進工業国の需要の縮小だけが作用している。というのは、第三世界の石油需要は人口増加に比例したペースで増えつづけたからだ。かつての共産主義諸国の石油消費量は一九七三年四億八〇〇〇万トン、七九年六億五〇〇〇万トン、八五年六億四〇〇〇万トン、九一年六億トンだった。

一般論として、石油ショックはインフレ率を大きく引き上げ、経済成長率は低く留まった。それに加えて、開発途上の非産油国での対外債務は激増していった。

## VI　石油産業に対する影響

一九七〇年から七三年にかけて起きた出来事は、全体的に見れば、石油システムの機能にそれほど大きな影響を与えなかった。しかしながら、いくつかの会社、なかでもオキシデンタル石油とトタルは深刻な被害を受けた[1]。

(1) オキシデンタル石油はリビアの採掘権を失い、トタルはイラク石油の出資分とアルジェリアの採掘権が国有化された。

それにくらべて、国有化の影響はすべての石油産業にとってきわめて重大なものとなった。一九七〇年から七七年にかけて、メジャー各社とその他の国際的企業が有した潜在的な原油埋蔵量はかなり低下した。

その代わり、石油価格の急騰によって石油生産の収益性も非常に高くなったが、その恩恵を充分に享受したのはドイツでの小規模な石油生産だけだった。(イギリスを含む)石油輸出国では、税額の引き上げによってこの利点がかなり減じてしまった。石油消費国、とりわけアメリカでは公示価格に上限を設けたことから操業者の収入が減少した。

そうしたことにもかかわらず、ヨーロッパと北アメリカの石油生産業者が得る利益は一九七三年以降激増した。一部の業者はこうして石油産業の国有化による損失を埋めあわせた。

第二の影響として、炭化水素関連以外の発展の開発が挙げられる。実際、一九七四年以降各社はより将来性のある領域の開発を進めて、狭く限定されているように見える従来の活動分野を補完する道を模索しはじめた。

メジャー各社、アメリカの独立系企業のほぼすべて、さらにエルフやイタリア石油公社、トタルもウラニウムと石炭の生産に投資した。その他さらに多彩な活動が始められた。新エネルギーの開発、鉱山産業、オフィスオートメーション、不動産や保険、流通などだ(1)。

(1) その最たるものとして、一九七五年にモービルがアメリカの百貨店チェーンであるモンゴメリーを買収し、一九八四年に売却したことが挙げられる。

しかし、石油産業の経営方法を他の業種に適用するのは困難だったため、それらのケースの多くは芳しい成果は得られなかった。それにウラン、ついで石炭の販売予測は急速に悪化していった。この状況下で新規の活動の多くは速やかに打ち切られるか第三者に譲渡され、各社は石油部門の発展に改めて経営資源を集中させていった(1)。

(1) ここには天然ガス産業も含まれる。

石油ショックによる第三の影響は、海運業や精製業も危機に陥ったことである。一九七三年の石油ショック以前、各国の公式機関や国際機関、経済あるいは産業研究機関に所属する専門家は、一九八〇年まで石油の需要は年間五ないし六パーセントのペースで増加するという見解でほぼ一致していた。タンカーや製油所の建設の決定から稼働までに約四年を要するため、企業や船主は石油危機に突入する以前に、需要拡大の見通しに基づいた投資を行なっていた。石油消費の拡大ペースが急激に落ちたことで、一九七四年からは過剰生産能力状態が発生した。そこから生まれた潜在的供給量の余剰分は、市場競争の影響も受けて、石油製品の価格を「限界価格」と呼ばれる水準に近づけた。この価格は海運と製油のコストを安定的にカバーできなかったことから、これら二業種は多大の損失を被った。

海運業の危機は深刻だった。なぜなら、輸送能力は需要の半分以上を上まわっていた。需要の低迷、北海での石油生産の増加、航路を短縮させる新たなパイプラインの完成(1)など、実に数多くの要因によって、最初の数年間は不均衡が長引いた。

(1) 第一次石油ショック以降、流量の大きなパイプラインが運用を開始した。エジプトを横断して紅海と地中海を結ぶスメド・ライン、イラク北部の油田と地中海を結ぶパイプライン、サウジアラビア、イラク南部の油田と紅海を結ぶパイプラインである。

船隊の一部を解体にまわすという早まった動きもあったが、一九八五年から需要が回復しはじめ、一九九〇年頃には均衡状態を取り戻した。自社船隊に関して各社が被った損失は一五年以上にわたって尾を引いたが、一九七四年以前にチャーターした船隊に関する損失は、その後途方もない賃料となったものの、それらの契約が満了することで徐々に解消していった。

精製業を襲った危機は、地域ごとに様子が異なった。西ヨーロッパでは一九七四年の第四四半期以降、過剰能力は五〇パーセントを超えた。精製済み製品の輸入の増加と、一九八〇年から八五年のあいだに生じた需要の大きな落ち込みがこの状況をさらに悪化させた(1)。九カ国が加盟していたヨーロッパ経済共同体（EEC）の製油所が最大の被害者だった(2)。なぜなら、危機を乗りきるために製油所が閉鎖され、全体の製油能力が約四〇パーセント削減されたからである。八六年からは、消費の回復によって不均衡は徐々に縮小していったが、完全に解消したわけではなかった。

(1) 精製済み製品の純輸入量は一九七三年には二〇〇〇万トンだったのが八五年には八〇〇〇万トンに増加し、消費量は七三年の七億一五〇〇万トンが八五年には五億六五〇〇万トンへと減少した。
(2) EEC域内の石油製品の輸入は完全に自由だった。当初から輸入関税は定められていたが、多数の例外措置が取られ、実際にはソ連からの輸入ぐらいにしか課税されていなかった。

だが、被った損失が広範にわたるため、多国籍企業の大半はヨーロッパの系列会社を切り離さざるをえなかった。系列会社の収益性が不確実であるだけでなく、自社製油所に対して大気汚染対策(無鉛ガソリンの製造、燃料の硫黄含有量の削減)と石油需要の構造的変化(ガソリンなどの気化燃料需要が増大し、それ以外の燃料需要は減少した)に必要な巨額の投資支出を実施せねばならなかった。

一九七五年になると、ブリティッシュ・ペトロリアムとシェルはイタリアにある子会社をそれぞれイタリア石油公社に譲渡した。しかしながら、最も重要度の高い取引が一九八〇年代にあった。一九八三年にはガルフ石油がヨーロッパの子会社をクウェート石油に売却し、八五年にはシェブロンの子会社がテキサコへ、八九年のアモコの子会社がエルフへそれぞれ売却されたほか、八八年にはテキサコ・ドイツ社がRWE社[1]に、八九年にはトタルのイタリア子会社がモンテエジソン社[2]に、九〇年にはモービルの子会社がクウェート石油へ売却された。

(1) RWE社はドイツの主要な電力会社である。
(2) モンテエジソン社はイタリアの大手化学会社である。

ヨーロッパ共同体に加盟する九カ国以外の多くの国々は、保護政策によって自国の製油所に対して最低限の収益性を確保した[1]。アメリカでは石油危機以前に始まったエコロジストの活動のため、石油精製業の開発計画の多くを断念せざるをえなかった。そのため、需要縮小により処理能力が充分に活用できない状態に陥ったのは一九八〇年になってからのことだった。各社はただちに反応し、四年足らずで製油能力を約一五パーセント縮減した。一九八六年以降、消費の回復によって均衡状態を取り戻した。日本では一九八〇年以降の過剰精製能力がヨーロッパと同程度の水準に達していた。だが、原油や通産省が「示した」石油製品に関する輸入量割当の受け入れを製油所の「自由な」判断に任せて市場が編成されたおかげで、精製業はつねにいくらかの収益を上げることが可能だった。

（1）オーストリアやフィンランド、ポルトガルでは精製業は独占産業だった。スペインやギリシア、トルコでは石油産業は手厚い保護を受けていた。ギリシア（一九八三年）、スペイン、ポルトガル（いずれも一九八六年）はEECに加盟したあとは、国内市場の漸進的な開放を強いられることとなった。

石油ショックによる第五の影響として、石油価格の上昇によって収益性の高まった上流部門への投資（石油の探鉱や生産）の増大が挙げられる。しかし、この投資額の上昇は国有化の懸念がないアメリカや北海といった地域においてとくに見られた。

ところが、一九七〇年代の終盤にかけて、新しい鉱脈を探鉱するよりも、別の資産のすべてもしくは一部を売却して石油生産会社を買収し、石油埋蔵量を増やすほうが安価で済むとわかってきた。最初の大きな買収劇は、カリフォルニアの大手生産業者だったベルリッジ社が一九七九年に三六億ドルでシェル石油に買収されたことである。続いて一九八〇年にはテキサス・パシフィック石油がサンによって二三億ドルで買収された。これらの企業取得を進めるにあたって重要な役割を果たしたのはブーン・ピケンズという人物である。一九二八年生まれで地質学を修めたピケンズは、数年間フィリップス石油に勤務したのちに独立し、六四年にメサ石油会社を設立した。企業の株価総額と彼らが保有する埋蔵石油の価値のあいだに大きなギャップが存在することに着目したピケンズは、手始めに一九六九年にヒューゴトン社を有利な条件で買収した。

一九八二年、メサ石油はシティーズ・サービス社の株式の大部分を買収した。この買収劇の騒ぎがオキシデンタル石油の目に止まり、シティーズ・サービス社は四〇億ドルでオキシデンタル石油に買収された、メサ石油には三〇〇〇万ドルが転がり込んできた。翌年、メサ石油はテキサス・ジェネラル・アメリカン石油会社に買収を提案するが、このときはフィリップス石油に一一億ドルで買収されてしまった。これら二つの案件のほかにフィリップス石油自身とカリフォルニア・ユニオン石油に関する買収の提案を行ない、いずれも失敗したがメサ石油には本質的な利益をもたらした。

それに続いて、ピケンズはある重大な取引で非常に重要な役割を果たした。メジャーの一角であるシェブロンがガルフ石油を買収したときのことだ。

一九八三年八月、メサ石油は当時の株価が四一ドルだったガルフ石油の株式を買収しはじめ、ガルフ投資グループを組織した。アルコは一株六二ドルで買収提案をしたが、それに対抗したピケンズは六五ドルで提案し、これを見たシェブロンも競争に加わることを決定した。

こうした状況下で一九八四年三月、ガルフ石油の重役会は三者を召集し、それぞれの最終的な提示内容を確認した。アルコは一株七二ドル、シェブロンは八〇ドル、ピケンズのグループは八七・五〇ドルで、うち四四ドル分を債券払いにするというものだったが、この債券の安全性を評価するのは容易ではなかった。シェブロンの提案が採用され、ガルフ石油は一三一億ドルで買収された。メサ石油はガルフ石油の株式を売却することで三億ドルを手にした。

この一九八四年には、他にも大規模な取引が二つも行なわれた。一つはゲティ石油の買収である。最初にペンズオイル石油が持ちかけた提案に売主も合意したようだが、公式にはその後テキサコが示した対案が受け入れられた。テキサコはこうしてゲティ石油を一〇二億ドルで買収したが、ペンズオイルはテキサコを告訴し、同社には一九八七年十一月に補償金として一一〇億ドルの支払いが命じられた。だが示談の結果、補償金は最終的に三〇億ドルに下げられた。もう一つは、モービルが五四億ドルで独立系では大手に属するスペリオル石油の株式の七五パーセントを買い取ったことである。

そしてついには、ヨーロッパ系の二つのメジャーがアメリカの子会社の小規模株主が所有する株式を買収することで石油保有量を増大させた。シェルは一九八四年に四八億ドルでシェル石油の所有権を完全に獲得し、ブリティッシュ・ペトロリアムは一九八九年にオハイオ・スタンダード石油を七六億ドルで買収した。[1]

（1）第三章XVI注（2）を参照。

だが、世界の石油を取り巻く状況に根本的な変化をもたらしたのは、石油輸出国（OPEC、メキシコ、ノルウェー、ソ連、中国）の国営企業の重要性が明らかに高まったことである。これらの会社は国有化によって、こんにちでは世界の石油保有量のうち八〇パーセントから九〇パーセントを開発している。これらの国営企業のいくつかは、生産量で最大規模の国際石油企業を上まわるまでになっている。

そのうえ、多くの国営企業の国際的な活動領域は原油と石油製品の輸出に留まらず、消費国における下流部門のさまざまな過程にも進出した。

クウェート石油はヨーロッパに大規模な下流部門の工場を有している。一九八三年にイタリア、デンマークとオランダでガルフ石油の精製・販売子会社を、一九九〇年にはイタリア・モービルを買収している。

ベネズエラ国営石油会社もアメリカの原油処理工場を買収し、またドイツのヴェバ社と提携して同社の製油能力の半分を有して同社製品の販路を提供するなど、海外での下流部門に大きな権益を握っている。サウジアラビアのペトロミンは一九八八年にテキサコからアメリカ国内の精製および販売部門を譲渡された。スタットオイル（ノルウェー）が北ヨーロッパで、タムオイル（リビア）がイタリアとドイツの下流部門において重要な位置を占めていることは言うまでもない。

これが、この二〇年あまりの流れである。この時期を通して、原油輸出国の大半が国際石油企業の保有していた採掘権を接収したことで、これらの企業は所有していた石油資源の大部分を失った。しかし、精製済み製品は別である。古くから存在する企業の市場シェアは、いまだに輸出国の国営企業を上まわっているからだ。

しかも、皮肉なことに、輸出国が国際石油企業を国有化したのと時を同じくして、多くのヨーロッパの政府は数年のうちに国営企業をほぼ全部民営化した。イギリスでのブリティッシュ・ペトロリアム、ドイツでのヴェバ、オーストリアのＯＭＶ、近年ではスペインのレプソルやポルトガルのペトロガル、フランスのエルフやトタルなどがその好例である。

# 結論

湾岸戦争による激動ののち、波乱に満ちた石油の歴史は穏やかな時代へと進んだようだ。石油の実質価格は、一九七三年の第四四半期の第一次石油ショック以前の水準を下まわっており、[1]比較的狭い上下幅で変動している。しかし、市況が不安定なままであることには変わりない。というのは、市場の均衡が保たれているのは（世界の石油供給量の四〇パーセントを占める）石油輸出国機構（OPEC）の国々のおかげであり、供給量に関してこれらの国々の貢献度は増大していくはずだからだ（中東の各国だけで現在確認できている石油埋蔵量の六一パーセントを占めており、OPEC加盟国だけで埋蔵量の七五パーセントを占めている）。これらの国々は、価格統制能力の点から見れば、その効果が経済的状況や何より政治的な状況の変化に左右されかねない、本質的に脆弱な一種のカルテルを形成している。現状は一九七〇年代以前の状況から遠く離れてしまっている。当時は、市場競争や大きな技術的進歩の実現によって、突発的な変動を受けることなく石油価格が長期的に安定しており、消費国での課税が徐々に重くなったことを除いては、下落傾向にありさえした。価格安定の根本的な理由は、石油産業が経済合理性や、そこから生まれる制約で規制された競争経済のなかに存在し、ロックフェラー時代は数年間にわたって（アクナキャリー後の）大企業が協議を試みることで、第二次世界大戦以降は競争原理が充分に働いていたからだ。[2]だが、戦後直後から、きわめて重要な地政学的な展開が示されていた。まず、埋蔵石油は民間団体の所有物だったアメリカが、世界市場での優位性を失った。それ以降、市場の需要を満たすため、南アメリカや中東、アフリカの国々の公的権力が統制する石油への依存が次第に高まっていった。これらの国では石油の所有者は名実共に政府であり、つまり石油会社は（委託業者、生産分担の有無を問わず操業者、あるいは単なる仲買人という立場の）契約実行者になっていた。ところが、これらの政府は不当に権利を振りかざして、満了前に契約を破棄し、修正を要求し、さらには差し押さえや国有化法で接収した。それゆえ、石油は他の工業原料にも増して国内政治や国際状況の不安定さといった不確実な要素に翻弄された。十九世紀後半、まだ規制されておらず、ただ濫用が批判されるだけだった資本主義の黎明期に生まれた石油産業は、何人かの企業家の発意と彼らの精力的な活動によって発展した。なかでも筆頭に挙げられるのは、石油の特性と、その構造的、実用的な影響、つまり最先端の技術をつぎこんだ高度に資本化された設備と一貫生産システムの必要性を見抜いたロックフェラーである。この世代の突飛な行動とそれらが周知されたことで、その後も物理的、地理的、技術的な領域に進出する活力を維持しつつ、当初の数十年間の失敗を改めたとする石油産業のイメージが保たれた。一九一一年のスタンダード石油の解体は、ロックフェラーのあとに続く者たちが考慮に入れざるをえなかった大きな教訓となった。石油産業の急速な成長、この産業を構成している設備の大きさ、その発展を支えるために必要とされる多額の資金、それに相関して大きくなった高い利益[3]のいずれもが耳目を集め、議論や批判を呼び起こし、偏向した判断の口実になってしまった。そういうわけで石油産業は市場を統制する寡占産業として見られたが、競争企業の数が増大し、「メジャー」のシェアは生産国と消費国の両方で多数の「国営企業」が設立されたあとでとくに低下した。

（1）一九七三年末には、第四次中東戦争（ヨム・キプール戦争）勃発前の同年十月初頭の価格の三〇〇パーセントを超えていた。
（2）ＯＰＥＣが創設されるきっかけとなった、一九五九年と六〇年にエクソンが実施した二度の公示価格の引き下げを忘れるわけにはいかない。これは、市場価格が顕著に下落したほどの競争圧力に対する反応であり、生産国への敵対政策という「駆け引き」によるものではなかった。この決定は一九五〇年に交渉された利益折半協定の精神に適ったものだった（第三章Ⅳを参照）。
（3）利益を表わす数値は高かったが、資本の収益性を見ると産業一般の平均程度に位置していた。

消費者に非常に高い価格を押しつけるとして石油会社を非難する者もいれば、石油の低価格がとくに石炭など他のエネルギー源から石油への転換を促し、結果として産業国が石油に対する依存度を高めたと主張する者もいた。また、石油会社が一九七三年の第一次石油ショックの到来を許し、七九年の第二次石油ショックにも上手く対処しなかったとして非難することもできた。

実際のところ、一九七三年の石油ショックは、石油会社が投入した資本やその収益性などの自分たちの利益だけでなく、その顧客たる消費者の利益をも守るために推し進めねばならなかった対立関係において、ＯＰＥＣの生産国が力をつけてきたことでもたらされた結果だった。受け入れ国に対して政治的に無力な国際石油会社は、第四次中東戦争という稲妻が石油価格の防波堤を押し流すような嵐の発生を止められなかった。こんにちの石油産業は、メジャー各社、大小の独立系企業、あらゆる種類の販売業者、石油関連会社といったすべての従来の会社に、ＯＰＥＣ加盟国をはじめとする石油生産国などの国営企業が加わったことで新たな構造を形成した。国営企業はかなりの程度まで、従来の石油企業と同じ与件に直面し、技術面、経済面で同じ制約を受けている。このことから、協議やさらには協力の機会がおそらく生じ、そこから両者間の利害をより正確に評価できるようになるだろう。これが将来における安定要因となるはずだ。

(1) それだけでなく、消費国から強く支持されているわけでもなかった。

西側の石油企業は、とくに生産面で独占的な役割が薄らいでいるとはいえ、技術、組織、資源管理、輸送、流通面での前衛的な使命は持ちつづけるだろう。十九世紀から二十世紀初頭にかけての大企業家の世代ののち、資源管理に最適な組織の内部で多様な能力を駆使し、数々の複雑な取引を通して、資源を可能な限り最良のサービスと価格条件で消費者に提供しなければならない組織者や管理者の世代が続いた。

石油は、自動車と石油化学の目覚ましい発展を可能にしたにすぎないにせよ、二十世紀の人びとの生活を広く形成した。二十一世紀に入り、石油が重要なものであり、将来の世代にとっても、少なくとも数十年のあいだは必要不可欠なものであるのは確かだということがわかっている。石油の歴史は続いていく。そして新たな頁が書き加えられることになるのだ。

## 補遺（二〇〇六年四月）

### 1　ソ連の終焉

年間五億七〇〇〇万トンを生産し、一九九〇年には世界最大の産油国だったソ連の崩壊と、連邦を構成していた各国の市場経済への移行が、世界の石油経済の機能に少なからぬ混乱を招かないはずはなかった。

ソ連の解体につながる出来事は第一次湾岸戦争の勃発前から始まっていた。ソ連政府の立場は一九九一年の夏から悪化し、十二月末にはミハイル・ゴルバチョフ大統領が辞任してソ連は正式に解体し、十二月二十五日の零時にクレムリンに掲げられていたソ連旗がロシアの三色旗に取って代わられるに至った。

種々の特殊事情のなかでも、ソ連経済を特徴づけていたのはエネルギーの過剰消費と豊富な地下エネルギー源であった。事実、ソ連の国民一人あたりのエネルギー消費量はフランスやイギリスといった西ヨーロッパの国々に対して約三〇パーセント、日本に対して四〇パーセント超過していた。ソ連の国民一人あたりの国民総生産（GNP）がこれら三カ国にくらべてかなり小さいことを考慮すると、西ヨーロッパにくらべて一・五倍から二倍の過剰消費ということになる。

ソ連全土において、この過剰消費の理由はほぼ同じものだった。

建物は、用途が住宅であるかそれ以外であるかを問わず、断熱構造が取りいれられていないか、取りいれられていてもその質が悪かった。メーターが設置されておらず、暖房の手動調整のできない建物が都市部に数多く見られ、そうした建物では暖房が（セントラル・ヒーティングだけでなく）集中システムで供給されるので、冬でもほぼ恒常的に窓を開け放つことで室温調整が行なわれていた。

工業・商業部門では、石油価格など、ソ連政府の設定する国内のエネルギー価格は国際価格の八〇パーセントから八五パーセントと低く抑えられていたこともあり、当然の成り行きとして、利用者は消費制限やロスの低減を第一に考えなかった。また、施設と設備の大部分が旧式で老朽化しており、メンテナンスが不充分で、操作もままならなかった。エネルギー生産・加工業では、利用者のもとに届くまでの全工程できわめて高いロスが生じており、とりわけ長距離のガス輸送では損失が一五パーセントにも達していた。

過剰消費はすべての産業部門、とくに石油部門で見受けられた。だが、大量の原油生産により、全国内市場の需要（一九九〇年の段階で四億二〇〇〇万トン）を満たすだけでなく、コメコン（東欧経済相互援助会議）の枠内で国際価格よりもきわめて低い価格が適用された衛星諸国の市場でも、残りの原油（一億トン未満）を輸出用として自由に販売できた。

石油の約九〇パーセントが西シベリアとさらに西のボルガ・ウラル地方で生産されている。残りはおもにカスピ海沿岸地域で生産が行なわれている。

ソ連の解体後、ロシアはシベリアとウラルのきわめて重要な石油地域を国土として押さえた。対照的に、カスピ海沿岸の石油地帯は複数の新興独立共和国、アゼルバイジャン、カザフスタン、トルクメニスタン、ウズベキスタンに分割された。

ロシアでは、市場経済への移行は徐々に進展した。一探鉱鉱区に関する最初の生産分与契約が、一九九二年二月に外国企業とのあいだで交わされた。このときの相手は、フランス企業のエルフだった。

設備の状態が悪く、また過渡期にありがちな事情の錯綜から、生産量の低下は一九九九年まで続き、石油生産量は一九九一年の五億一〇〇〇万トンから一九九九年の三億五〇〇〇万トンへと低下した。減産傾向はその後反転し、二〇〇四年には四億五九〇〇万トンにまで回復した。

カスピ海沿岸地域では異なった展開をたどり、石油生産量は順調に増加して一九九〇年の四七〇〇万トンが二〇〇〇年には六四〇〇万トン、二〇〇四年には約九三〇〇万トンに達している。

実際、独立直後から、新しい独立国家、とくにアゼルバイジャンとカザフスタンの政府は、多くの場合、外国企業に探鉱許可を出すことに積極的であった。

カザフスタンで二つの巨大な石油鉱床が発見されるまでに、時間はかからなかった。それはシェブロン・テキサコが開発したテンギス油田と、国際コンソーシアムが開発したカシャガン油田である。消費地に向けた石油輸送は政治問題に直面していたが、外交努力により今や解決に成功した。

## 2　グローバリゼーションがもたらしたもの

グローバリゼーションの影響のひとつは、石油産業における機能上の制約が軽減、さらには廃止されたことである。以前は、こうした制約を課すことは重要だと、ほとんどすべての国々で考えられていた。多くの西ヨーロッパの国々では原油および石油製品の輸入に関する管理は廃止され、国内価格の自由化が確立され、あらゆる形態の量的規制は姿を消し、既存の独占は廃止された。

かつての国営企業は民営化され、一般的にその資本の多くは民間購入者へと売却された。ＯＭＶ（オーストリア）、エルフ（フランス）、レプソル（スペイン）の三社はいずれも一九九一年以前からすでに民営化が始まっており、続いてＥＮＩ（イタリア）[1]が一九九八年六月に民営化開始、スタットオイル（ノルウェー）は二〇〇一年に資本の一七・五パーセントが市場で売却されて民営化の端緒となった。

（1）イタリア政府は資本の三七パーセントを保持している。

日本での規制緩和は似たような変遷をたどり、一九九二年四月に石油精製に関する割り当て量が廃止され、九六年四月には石油製品の輸入統制が廃止された。

実際に、イギリスとノルウェーを除いて、すべての西ヨーロッパの国々は日本とまったく同様に、石油を輸入する工業国であり、これらの国の自由化が関係するのはおもに下流部門（石油精製、国内外での取引）である。

産油国における自由化の程度を評価するおもな基準は、外国企業が上流部門（探鉱・開発生産）に外国企業が受け入れ可能な経済的条件で参入できる可能性である。

国営企業が恩恵を受けていた独占状態が多少なりとも普及していたことを考慮すると、一九八〇年代末の時点では、国際企業は世界の石油備蓄の約一五パーセントに対して独自の活動を展開できていたにすぎなかった[1]。

（1）グザビエ・ボワ＝ド＝ラ＝トゥール『石油』、テクニップ社、二九頁および三一頁。

この状況はすぐに変わっていった。ソ連の崩壊の直接的な影響として、カスピ海の豊富な埋蔵石油が外国企業による探鉱に開かれたほか、特殊な事例となるロシア連邦の市場経済への移行が進んだ（以下を参照のこと）。

続いて、数多くの産油国も外国企業へと門戸を開いた。

一九九一年十一月　アルジェリア、石油探査と生産のために自国領土を開放
一九九二年十一月　アルゼンチンの国営企業YPFの独占状態が失われ、民営化される
一九九三年十二月　エクアドルでの石油産業における独占が廃止される
一九九五年十二月　ブラジルでペトロブラス社による石油探査・生産・精製の独占状態が廃止される
一九九六年一月　ベネズエラ、外国企業による石油採掘権の行使を承認する

こうした変遷があって、国際企業の自社活動による石油備蓄量の比率は一五パーセントから四〇パーセントに上昇した。[1]

(1) グザビエ・ボワ＝ド＝ラ＝トゥール『石油』、テクニップ社、二九頁および三一頁。

外国の石油企業に対していまだ門戸を閉ざしているのは、サウジアラビア、クウェート、メキシコの三カ国だけである。

ロシアの事情は特殊である。一九九二年十一月、すべての石油関連企業は株式会社へ転換することが決められ、外国企業にも一五パーセントを限度として出資権が認められた（この上限は一九九七年十一月に廃止されたことで、それ以後外国企業は一〇〇パーセントまで出資が行なえるようになった）。

また、同じ一九九二年十一月には政府の出資で経営されていると見なされる石油企業ロスネフチ社が設立されたほか、民間のルクオイル、スルグート、ユコスの三グループが公式に存在を認められた。これら三グループの外国企業への門戸開放は、その翌年に予定されていた。

一九九五年、実業家のミハイル・ホドルコフスキーはいくつかの提携企業とともにユコスの株式を七八パーセント獲得して経営を握った。二〇〇三年四月にはユコスをシブネフチ社と合併させ、年間

一億一五〇〇万トンの原油を生産する世界第四位の石油グループを作りあげることに成功した。ユコスが支配的な役割を果たしたこの新会社はユコス・シブネフチ社と命名され、ホドルコフスキー自身が経営した。

その六ヵ月後の二〇〇三年十月にホドルコフスキーは投獄され、脱税などの不正行為により有罪を宣告された。

二〇〇四年二月、ユコス・シブネフチ社の株主代表がこの両社の合併に終止符を打つ協定に署名した。二〇〇六年の第一四半期現在、ユコスは破産申し立て手続き中である。

この間、二〇〇三年八月にBPとロシアのチュメニ石油グループ（TNK）を所有するアルファ社、アクセス・レノバ社とのあいだでTNK=BP社（TNK、BPそれぞれ五〇パーセントずつ出資）を設立するための大規模な取引が行なわれた。この新しい合同体は年間約六〇〇〇万トンの産油能力を有している。

翌二〇〇四年九月、ロシア最大のガス会社で政府出資率がわずか三八パーセントのガスプロム社が、株式交換によってロスネフチ社を吸収すると発表した。この合併により、ロシア政府によるガスプロム社の統制が確実なものとなった。

二〇〇五年二月にロシアの天然資源省は、ロシア資本が五一パーセント以上の企業しかサハリン第三プロジェクトやバレンツ海のプロジェクトといった、戦略的に重要とされる多くの地域における石油探査・生産活動の認可を付与する入札に参加できないものとすることを公式に表明した。

その二週間後、同省は外国企業がシベリア東部の四〇の鉱床に関する入札に参加する権利を有していることを明らかにした。

これらの事態に照らし合わせると、ロシア連邦と国際的石油企業の将来の協力関係について、明確な見通しを立てるのは時期尚早と言える。

## 3　石油産業の発達

一九九〇年代前半の石油関連企業は、コスト削減と企業活動の効率アップのために多大な努力を払った。

その努力をいくつか例示しよう。

――一九九五年三月のシェルの発表（二大拠点で一二〇〇人の人員削減）や、一九九五年五月のモービルの発表（世界規模で四七〇〇人の人員削減）に見られる、企業内部の抜本的な再編成。

――製油部門における余剰施設の停止や売却（しかし二〇〇一年～二〇〇二年以降、世界的に分解施設の不足が生じることになる(1)）。

（1）分解施設とは、重質油を軽質油に分解する施設を指す。

――販売部門では、とくに重要な再編成が行なわれた。そこには、立地の良い給油施設網の獲得、それ以外のネットワークの第三者への譲渡、さらに必要があれば一国内の全販売活動の譲渡といったことが含まれた（一九九五年三月にオーストリア国内のトタルの販売網がＯＭＶへ売却され、一九九八年八月にはノルウェー国内のペトロフィナの販売網がシェルへ売却された）。

――石油探査・生産部門では、海洋掘削技術、とくに深海掘削技術の進展が優先された。

実際、国際的石油企業が石油探査・生産部門にかける金額は、一九九〇年代初頭ではほんの限られたものだったが、その後増えていき、二〇〇〇年初頭には目覚ましいほど増大した。

とはいえ、大きな石油鉱床の発見もあった。ギニア湾（とくにナイジェリアとアンゴラの沖合）、ブラジルとメキシコ湾に挟まれた「黄金のトライアングル」と呼ばれる海洋地域で新しい油田が発見され、二〇〇一年には七五〇〇万トンを生産、将来的にはそれ以上の生産量が期待されている。

カザフタンでも二つの巨大な石油鉱床が発見された。一九九〇年代にテキサコが発見したテンギス油田、そして二〇〇〇年に西側企業のコンソーシアム（アジップ、エクソン・モービル、シェル、トタル、BPなど）の発見したカシャガン油田である。

「黄金のトライアングル」のような事業の実現には莫大な資本を必要とし、一九九七年以前にこれを受け入れたのは世界最大規模の二ないし三社だけであった。こうした条件下では、石油関連企業が、最も有力な企業でさえも、撤退するよりも協力関係を選んだことは充分に理解できる。こうしたことから、三年足らずのあいだに、石油業界において空前の規模での提携と企業買収を推し進めることができた。

一九九八年十一月　BP・アモコの合併
一九九八年十二月　エクソン・モービルの合併
一九九九年三月　トタル・ペトロフィナの合併
一九九九年四月　BP・アモコによるアルコの買収
一九九九年九月　トタル・エルフの合併
二〇〇〇年十月　シェブロンによるテキサコの買収
二〇〇一年十一月　コノコ・フィリップスの合併
二〇〇五年四月　シェブロン・テキサコによるユノカルの買収

シェルはといえば、深刻な問題に直面していた。石油埋蔵量を再評価した結果、二〇〇四年に推定埋蔵量を約二〇パーセント縮小することになった。このニュースとともに伝えられたのは、シェルの親会社であるロイヤル・ダッチとシェル・トランスポートを合併してロイヤル・ダッチ・シェルというイギリス資本の会社を作り、イギリスとオランダの二元性が放棄されることであった。唯一の本拠地はオランダに置かれ、かつてハーグとロンドンに置かれていた二つの本拠地を引き継いだ。

これまでに述べてきたすべての変革を見ると、石油産業は次の三つのカテゴリーに分類できよう。

第一のグループは、九つの国際的な大企業群である。これに分類されるのは、かつてのメジャー各社（エクソン・モービル、シェル、BP・アモコ、シェブロン・テキサコ、トタル）、二つのアメリカ系独立企業の合併体（コノコ・フィリップス）、民営化された二つの旧国営企業（ENI、レプソル）とルクオイルである。このグループは世界産油量のおよそ二〇パーセントを占めるが、六パーセントの埋蔵量しか有していない。世界の埋蔵産油量に占める割合にくらべれば、これらのグループによる投資額は他のグループによる投資額を遙かに上まわっている。だが、五大企業（エクソン、BP、シェル、シェブロン、トタル）の保有する埋蔵量は世界の埋蔵量のうち五パーセント未満にすぎないが、一九九九年から二〇〇三年では発見埋蔵量の二〇パーセント相当であった。

第二のグループに分類されるのは、石油輸出国機構（OPEC）加盟国の一一国営企業とペトロチャイナ（中国の国営企業）で形成される企業群である。このグループは世界産油量の約四三パーセントを産出し、石油埋蔵量のおよそ六一パーセントを有している。このグループにおいては、中東各国の国営企業は、その産油水準と比較して石油探査・生産への投資がかなり少ないことが特徴である。ただし、一部の専門家によれば、一九八〇年から九〇年にかけて確認された石油埋蔵量の増加は、とくに埋蔵量の再評価によるものでしかなく、新たな発見によるものはわずかだった。

第三のグループは、上記以外の石油関連企業の混成である。ここには、たとえばルクオイルを除くロシア企業、アメリカの独立系企業、国際的な展開を現在進めている民営化された企業（OMV、スタットオイルなど）、そしてOPEC非加盟国の政府資本によるいくつかの企業が分類される。このグループは世界産油量の約三七パーセントに相当し、石油埋蔵量の三分の一足らずを有している。

一般的に述べると、石油業界全体では、民間企業は世界埋蔵量の二〇パーセント足らずしか保有していないが、一九九九年から二〇〇三年に発見された鉱床の三分の二を有している。

## 4　石油価格の推移

石油価格は一九九〇年から九七年にかけては比較的安定していた（アラビアン・ライト原油で一バレル一八ドル前後）。この頃、多くの専門家は石油価格の弱含みがかなり長く続くと見なしていた。事実、原油価格は一九九八年初頭に崩壊した。一九九八年三月三十一日に開かれたOPEC総会で加盟各国は、大幅な減産（日量一二四万五〇〇〇バレルの減産）を決定し、これにOPEC非加盟五カ国（エジプト、メキシコ、ノルウェー、オマーン、イエメン）の決めた日量二七万バレルの削減が加わった。石油価格は短期間のうちに再上昇し、安値から上向きに回復した。OPECは一九九九年三月に新たに総会を開き、日量約一七〇万バレルの減産で合意し、OPEC非加盟国も同様に四〇万バレルの削減を決定した。

これらの措置が功を奏し、一年足らずのうちにアラビアン・ライト原油の価格は一九九八年十二月の一バレル一〇ドルから二〇〇〇年六月には二八ドルへと上昇した。

こうして、OPECの行動は、とりわけ他の数多くの石油輸出国の活動と結びついたときには、世界の石油市場を実質的に統制できることが明らかになった。

そのため、アルジェリアのシャキーフ・ハリール・エネルギー相は二〇〇〇年三月三十日、OPECが「相場を一バレル二二ドルから二八ドルのあいだで維持するために生産量を自動的に調整できる」価格安定のメカニズムを編みだし、「仮に一バレルが二八ドルを超えた場合、産油量を一日あたり五〇万バレル増量し、二二ドルを下まわった場合には同様に産油量を五〇万バレル削減する」と表明した。一年後の二〇〇一年四月、コロンビアとメキシコはベネズエラとのあいだで相場安定のために一体となって行動する協定を締結した。(1)

（1）二〇〇四年三月三日にサウジアラビアとノルウェーの石油相間でも「両国の立場を調整し、相場の安定を確保するために協力する」ことを目指して、同種の協定が締結された。

石油価格はこうして二〇〇三年の第三四半期までは一バレル二二ドルから二八ドルという変動幅（プライスバンド）のなかで維持されていた。この頃、OPEC加盟国が設定された上限を大幅に上まわって生産していると発表された。

この生産量超過が石油価格を全体的に引き下げるのを避けるため、二〇〇三年九月二十四日に開催されたOPEC総会では産油量の上限を日量九〇万バレルまで削減することが決められた。

ところが、石油価格上昇の要因が、間もなく下落の要因を凌駕することとなった。

とくに中国の経済成長による世界的な石油需要の増加が、予測をはるかに上まわった。

ところが、供給量には限界があった。つまり、提供できる軽質原油の不足、少ない備蓄量、ノルウェーにおけるストライキ、ナイジェリアでの民族紛争、北米やヨーロッパの厳冬などが挙げられる。

このことから、OPECが設定した上限産油量の引き下げが石油価格の上昇傾向を引き起こし、この傾向は短期間逆転したのち、アラビアン・ライト原油相場を二〇〇五年三月なかばの一バレル四九・五ドルから二〇〇五年九月には六九・三九ドルにまで引き上げることとなった。

その後のOPECによる上限産油量の引き上げ（二〇〇四年七月一日には日量二〇〇〇万バレル、二〇〇四年八月一日には日量五〇〇万バレル、二〇〇四年十一月には日量一〇〇〇万バレルなど）も全体的な高値傾向には何ら影響を与えなかった。OPECは暫定的に「非現実的」だと判断し、「プライスバンド制」の中断が二〇〇五年一月三十日の総会で決定された。

実際、OPECは石油市場を効果的にコントロールしつづけるために必要な柔軟性をもはや有していない。この柔軟性は、中東の大産油国の国有企業に生産能力の余裕があったことから生じていた。しかし、充分な投資が行なわれず、この生産能力水準は、有効な役割を果たすにはきわめて低いものとなってしまった。

消費国の製油所における分解能力[1]が不充分なために、軽質原油の購入者間での競争が激化し、市場の硬直化がさらに進んでいる。

（1）分解施設とは、重質油を軽質油に分解する施設を指す。

## 5　地球温暖化への不安――京都議定書

大気中に「温室効果ガス」と呼ばれるいくつかのガス（二酸化炭素、メタン、窒素酸化物、フロン、オゾンなど）が存在し、まるで温室のガラスの仕切りの役割を果たしている。[1]この仕切りのおかげで、地球上の平均気温が、氷点下一七度から一八度に下がることなく、約一五度に程良く保たれている。

（1）太陽光線は「温室効果ガス」に遮られることなく大気中を通過して地表を暖める。地表が赤外線の形で熱を反射すると、今度は「温室効果ガス」によって放出が妨げられ、これが大気を暖めている。

人類の活動は大気中の「温室効果ガス」の割合を高める。とくに主要な部分を占める二酸化炭素は石油などの化石燃料を使うと発生する。結果として地球全体が暖められることとなる。

近年の技術では遠い過去の大気中の成分を検出することができる。[1] 産業革命以前（一七五〇年）から現在（一九八八年）までの大気中に含まれる二酸化炭素の割合の伸び率は、氷河期から温暖期のあいだの伸び率とほぼ同じであることが確認された。

（1）南極の深層氷から標本を採取し、そこに含まれる気泡を分析することで、大気中の成分を検出する。

こうした報告から考えられるのは、二酸化炭素に代表される「温室効果ガス」の排出に歯止めをかけなければ地球全体の気温が上昇し、壊滅的な被害が引き起こされるだろう、ということだった。この議論は、ヨーロッパで何年も暖冬が続いたことと、世界各地で見られた氷河の融解現象により裏打ちされた。

各国は速やかにこの問題に着手した。第一回世界気候会議が一九七九年にジュネーブで開催された。第二回は一九九〇年にハーグで開かれ、ヨーロッパ経済共同体（ＥＥＣ）の加盟一二カ国（当時）は、二〇〇〇年の二酸化炭素排出量を一九九〇年の水準に維持することで合意した。一九九七年一月に開催された地球温暖化防止京都会議では、工業国は二〇一〇年から一二年のあいだに六種類の「温室効果ガス」（二酸化炭素、メタン、窒素酸化物と代替フロンガス三種）の排出量を一九九〇年を基準として五・二パーセント減少させる計画を採択した。削減目標は国ごとに異なり、ＥＵは八パーセント、アメリカは七パーセント、日本は六パーセントとなっていた。

各国の排出枠は取引可能であり、売買できると定められた。

この計画書は京都議定書と呼ばれる。この議定書が発効するには、工業国全体の排出量の五五パーセント以上を占める、五五の工業国による批准が必要であった。

気候の変動による深刻な影響に関する見通しは、一連の仮定を積み重ねたものでしかなく、科学的に証明されていない。したがって、未来の議定書署名国にとって、もしかしたら必要ないことなのかもしれないが、現在利用可能な資源を用いて、起こりうるが確実ではない危機が現実とならないよう、策を講じるかどうかを決めることを意味した。

アメリカは、立ち向かうべき脅威はほとんど立証されていないと見なしているらしく、二〇〇一年三月に「温室効果ガス」の排出規制を放棄すると決定した。

日本は二〇〇二年六月四日に京都議定書を批准した。日本の「温室効果ガス」の排出削減義務は六パーセントだが、その六〇パーセント以上（六パーセントのうちの三・七パーセント）について森林面積を適切に拡大することで得られる二酸化炭素吸収効果による削減量[1]と定められている。

（1）樹木には他の植物と同様、二酸化炭素からセルロースや樹幹を形成するために二酸化炭素を吸収する働きがある。

京都議定書は、ＥＵ諸国、中国、ロシアを含む五五カ国以上の批准を得て、二〇〇五年二月十五日に発効した。

# 解説

財団法人　日本エネルギー経済研究所　大住政孝

本書は、米国ペンシルベニア州タイタスヴィルで石油が発見された一八五九年から湾岸戦争が終結した一年後の一九九二年までの一三四年間にわたる「石油の歴史」が叙述されている。石油の歴史物としては、アンソニー・サンプソンの「*The Seven Sisters :The Great Oil Companies and the World They Shaped*」（邦訳『セブン・シスターズ—不死身の国際石油資本』、日本経済新聞社、一九七六年）やダニエル・ヤーギンの「*The Prize : The Epic Quest for Oil,Money, and Power*」（邦訳『石油の世紀—支配者たちの興亡』、日本放送出版協会、一九九一年）が人口に膾炙しているが、本書の特徴は、フランス人であるエティエンヌ・ダルモンとジャン・カリエが石油産業に君臨するアングロ・サクソン人とは違う視点から書いているところにあろう。

とくに第一次世界大戦後にドイツがオスマン・トルコから得ていた権益にフランスが関心を示しフランス石油公社（CFP）を設立した件や「第三章　エネルギー市場に君臨する石油、大企業の絶頂期（一九四五〜七〇年）」のなかに「フランスの石油政策」という項を設け、CFP（トタール）、ELFの成立ち、変遷を記述している件はとくに興味深いものがある。

本書の本文は一九九二年で終わっている。その後、「補遺」として簡単に二〇〇六年四月まで解説されているが、一九九二年以降の世界の石油産業の変遷について私なりに以下概観してみたい。

## 1 石油価格の低迷と環境意識の高まり(〜一九九九年)

イラクのサダム・フセインによるクウェート侵攻に端を発した「湾岸危機・戦争」(一九九〇年八月〜一九九一年二月)は原油供給に重大な影響を及ぼすであろうとの予測のもと、一時原油価格は一バレルあたり四〇ドルを超すレベルとなったが、サウジアラビアによる増産、米国を中心とする多国籍軍による早期のクウェート奪還によって原油価格の高騰も終息してゆく。一九九七年にはアジアの需要の高まりを予測してOPECが生産枠の増枠を承認したのと相前後して「アジア通貨危機」がタイを発端として全アジア、メキシコ、ブラジル、ロシアなどに飛び火して石油の需要を冷やし、原油価格は一九八六年以来の一バレルあたり一〇ドル前後のレベルまで下落していった。低下した原油価格は上昇力に乏しく、二〇〇〇年までは一バレルあたり二〇ドルのレベルまでなかなか回復しない。この低価格で世界(とくにアジア)の石油需要は再び伸長してゆくことになる。

一方で、化石燃料の使用増加に伴う地球温暖化問題が世界の関心を集めてゆくことになる。一九九二年にはブラジルのリオ・デジャネイロで「地球サミット」が開催され、一五四カ国の指導者が署名した。この流れのなかで、一九九七年末には「京都議定書」が採択され、具体的な温暖化ガスの削減目標が策定されるまでになった。しかしながら、EU、日本、カナダなどの先進国による熱心な削減努力にもかかわらず、二〇〇〇年に誕生した米国のブッシュ政権は景気問題を優先し、二〇〇一年三月、「京都議定書」から脱退を宣言するに至っている。

## 2　石油会社の大型合併の連鎖（一九九八〜二〇〇〇年）

一九七〇年代の産油国による上流利権の国有化により、それまでのメジャー・カルテルの生産調整、価格管理の仕組みは崩壊した。二度のオイル・ショックを経て市場支配力はＯＰＥＣの手に渡ったかに思われたが、一九八六年の生産調整失敗による原油価格暴落を機にＯＰＥＣによる価格管理力も後退し、同時期に原油価格の市場化が進行しはじめる。

メジャー各社は、その結果原油価格の調整能力をＯＰＥＣまたは市場需給へ依存することによるビジネスリスク増大への対処と、産油国利権のほとんどを失うことによる上流生産力の縮小に対応した下流の精製・販売能力の適正化（縮小）という二つのテーマを抱えることとなった。この二つのテーマを解決するため一九九〇年代後半に、原油価格低迷に合わせたかのように以下のメジャー同士の合併が発表されることになる。

・ＢＰとアモコの「合併合意」の発表（一九九八年八月）
・エクソンとモービルの「合併合意」の発表（一九九八年十二月）
・トタルのペトロフィナ合併発表（一九九八年十二月）
・ＢＰアモコの「ＡＲＣＯ買収」の発表（一九九九年四月）
・トタルフィナのＥＬＦ買収計画発表（一九九九年六月）
・シェブロンのテキサコ買収発表（二〇〇〇年十月）

現在では、合併・再編後、改名などして、エクソン・モービル、ＢＰ、ロイヤル・ダッチ・シェル、トタル、シェブロンの五社が石油ニュー・メジャー（コノコ・フィリップスを入れて六社のこともある）として世界的規模で石油産業の上流・中流・下流部門を統合して高石油価格を背景とした高収益で再び力を誇示しはじめている。

### 3　OPEC、資源ナショナリズムの復活（一九九九年〜）

一九八六年以来低迷していたOPECも一九九九年二月、ベネズエラでチャベス大統領が誕生した頃から復活の兆しを見せはじめる。反米と資源ナショナリズムを掲げるチャベス大統領は、それまでOPECの生産枠破りの常習犯であったベネズエラを生産枠遵守派（現在では生産枠を下回る生産量を維持している）に転向させた。二〇〇〇年八月にはチャベス大統領は他OPEC主要国（サウジアラビア、イラン、イラク、リビアなど）を訪問し、同年九月下旬、カラカスにてOPEC設立四〇周年を祝う首脳会議を開催した。OPECの団結を呼びさますきっかけになった会議といえる。

この頃（二〇〇〇年初め）からサウジアラビアなどOPEC穏健派諸国のあいだでプライス・バンド制（OPEC代表七油種平均価格を一バレルあたり二二〜二八ドルのレンジに収める）の導入も提唱された。このプライス・バンド制は産油国、消費国双方にとって受け入れやすいレンジに原油価格を誘導しようという、今までの価格が乱高下した苦い経験からの知恵といえるものであった。

しかしながら、この考え方も次第に消え失せてゆくことになる。中国、米国、インドなどの経済成長により石油消費量は増加傾向を見せる。一方、世界の石油埋蔵量保有比率は産油国の国営石油会社（National Oil Companies : NOC s）が約七〇パーセントでメジャーを含む国際石油会社（International Oil Companies : IOC s）が約七パーセントという冷厳な数字が示すように産油国に有利な状況になってきている。

このような状況をとらえて、ベネズエラ、イラン等ＯＰＥＣ諸国、ロシアなどにメジャーなどの外資を排除する動きが顕著になってきた。他の産油国でも外資の石油鉱区取得条件はますます厳しさを増している。

### 4　石油高価格時代の到来？（二〇〇四年〜）

二〇〇一年の「９・11米国同時多発テロ」、これに対する報復としての米国主導の「テロに対する戦争」（二〇〇二年の「アフガニスタン戦争」、二〇〇三年三月の「イラク戦争」）。これらの戦争を契機として米国のユニラテラリズム（単独行動主義）がイスラム諸国との対立を深めてゆく。このことがＯＰＥＣを始めとした産油国の資源ナショナリズムを刺激した面も否めない。このような背景と石油需要への高まり（とくに中国）が二〇〇四年春より原油価格を一バレルあたり四〇ドルを超えるレベルにしてゆく。現在（二〇〇六年五月）の原油価格は一バレルあたり七〇ドル近い水準にまで高騰している。現在の高価格の要因としては、以下のようなものが挙げられている。

- 産油国生産余力の減少
- 消費国（とくに米国）の精製能力の逼迫（米国におけるガソリン、軽油価格高騰）
- 地政学的リスク（イラン、イラク、ナイジェリア、ベネズエラ等）による先行き供給不安
- 投機マネーの原油先物市場への流入

また、「ピークオイル論」といわれる、二〇一五年から三〇年にかけて世界の石油生産量はピークを打つのではないかという議論も真剣に行なわれるようになってきた。将来に向けての供給不安は高まっている。本格的な石油高価格時代の到来を迎えたのであろうか？

# 訳者あとがき

本書は、Etienne Dalemont et Jean Carrié, *Histoire du pétrole* (Coll. « Que sais-je? » n°2795, PUF, Paris, 1993) の全訳である。発行年を見ていただくとおわかりの通り、本書そのものはイラクがクウェートに侵攻した第一次湾岸戦争で終わっているが、本年四月に記された補遺によって、直近の出来事まで網羅している。

著者のエティエンヌ・ダルモン氏は一九一〇年カナダ・モントリオール生まれ。パリ国立高等鉱山学校を卒業し、パリ大学法学部にて法学博士号を授与されている。一九三五年にシェル・フランスに入社。第二次大戦中はフランス、イギリス、アメリカにて石油技術者として活躍した。戦後はトタルに転じ、副社長、社長を歴任した。著書も多数あり、コレクション・クセジュでも石油関係を中心として本書を含め、計四冊を著している。

共著者であるジャン・カリエ氏は一九二二年パリ生まれ。エコール・ポリテクニック（理工科学校）を卒業して科学経済学博士号を授与されている。フランス国立統計・経済研究所の行政官からトタルに入社し、ドイツ・トタルの社長やトタル本体の経済担当役員を務めた。経済関係の論文を多数執筆しているのみならず、ダルモン氏が出版した四冊のコレクション・クセジュのうち三冊はカリエ氏との共著となっている。

昨今の国際情勢を振り返ってみると、それぞれの出来事では直接的な理由とはされていないものの、その奥深くには石油を中心としたエネルギー争奪戦としての動きが垣間見える。一方で、石油の大量消費が二酸化炭素などの温室効果ガスを生みだし、地球環境に大きな影響を与えている。また、石油そのものもいつ枯渇するのか、という一抹の不安を抱えている。

とはいえ、身のまわりを見渡すと、われわれの社会、生活がいかに石油に依存しているかを痛切に感じる。本書では、先人が見出した石油が、多くの闘いを経ながら大規模な産業へと変化を遂げていった道のりがダイナミックに描かれている。冒頭で著者が述べているように、石油は「経済発展と個人の幸福を左右している この時代におけるエネルギーの主役」でもある。本書がその主役を少しでも理解できるための一助となれば幸いである。

最後に、本書の翻訳のきっかけを作ってくださった『ル・モンド・ディプロマティーク』日本語・電子版発行人の斎藤かぐみさん、拙い初稿に目を通していただいた『ル・モンド・ディプロマティーク』日本語・電子版スタッフの岡林祐子さん、専門用語を中心として、貴重なご指摘や多くの示唆のみならず、丁寧な解説まで寄せてくださった日本エネルギー経済研究所の大住政孝氏、編集にあたった白水社の中川すみさん、そして、翻訳中に多くの励ましをよせてくれた愛すべき我が家族、友人たちに深くお礼を申し上げたい。

二〇〇六年七月

三浦礼恒

# 参考文献


歴史に関する著作

R. Sedillot. *Histoire de pétrole*, Paris, Fayard, 1974.

D. Yargin, *The Prize, The epic quest for oil, money and power*, London, Simon & Schuster, 1991.（ダニエル・ヤーギン『石油の世紀　支配者たちの興亡（上・下）』，（日高義樹／持田直武訳），日本放送出版協会，1991年）.

G. Nash, *United States Oil Policy, 1890-1964*, University of Pittsburg Press, 1968.

G. Grayson, *Policies of Mexican Oil*, University of Pittsburg Press, 1980.

D. Rangel, *Gomez el amo del power, Vadel Hermanos*, Valencia, 1985.

B. Cooper, T. Gaskell, *Adventure of North Sea Oil*, London, Heinemann, 1977.

O. Noreng, *Oil industry and Government Strategy in the North Sea*, London, Croom Heim, 1980.

S. Longrigg, *Oil in the Middle East, : it's discovery and development*, London, University Press, 1968.

J. Bill, W. Louis, *Mossadeq, Iranian Nationalism and Oil*, London, Tauris, 1988.

L. Mosley, *Power play : Oil in the middle East*, Random House, 1973.

H. Williamson et A. Daum, *The American Pétroleum Industry*, Evanston, North Western University Press, 1959-1963.

F. Al-Chalabi, *OPEC and the International Oil Industry*, Oxford University Press, 1980.

L. Mihailovitch, J. Pluchart, *L' OPEP*, Paris, PUF, 1981.

石油企業に関する著作

E. Catta, Victor de Metz, *De la CFP au groupe Total*, Paris, Ed. Total, 1990.

H. Longhurst, *Adventure in Oil : Story of BP*, London, Sidgwick & Jackson, 1959.

The British Pétroleum, *Our Industry Petroleum*, London, 1977.

F. Gerretson, *History of the Royal Dutch*, Leiden, Brill, 1953.

*The Royal Dutch Petroleum Cy.* The Hague, Diamond Jubilee Book, 1950.

B. Wall, *Growth in a changing environment : A history of Standard Oil Cy (New jersey) and Exxon Co.*, New York, McGraw Hill, 1988.

Ida Tarbell, *The history of the Standard Oil Cy*, New York, Phillips Co.,1904.

M. James, *The Texaco Story*, New York, Texas Cy, 1953.

C. Thompson, *Since Spindletop : Human Story of Gulf*, Pittsburgh, Gulf Oil, 1951.

Continental Oil Cy, *Conoco, The First hundred years*, New York, Ed. Continental Oil Cy, 1975.

総論的な著作


J. McLean et R. Haigh, *Growth of the integrated oil Companies*, Boston, Harvard University Press, 1954.

A. Giraud et X. Boy de la Tour, *Géopolitique du pétrole*, Paris, Technip, 1987.

E. Dalemont et J. Carrié, *Le pétrole*, Paris, PUF, 1992.

E. Dalemont, *L'industrie du pétrole*, Paris, PUF, 1982.

US Congress, *The International Petroleum Cartel*, Report to the Senate, Wasington DC, 1952.

訳者略歴
一九七三年　東京生まれ
成城大学大学院法学研究科修了
現在は製薬会社勤務のかたわら、『ル・モンド・ディプロマティーク』日本語・電子版の有志スタッフ

石油の歴史
ロックフェラーから湾岸戦争後の世界まで

二〇〇六年八月　五日　印刷
二〇〇六年八月三〇日　発行

訳　者　©　三《み》浦《うら》礼《のり》恒《つね》
発行者　川村雅之
印刷所　株式会社　平河工業社
発行所　株式会社　白水社

東京都千代田区神田小川町三の二四
電話　営業部〇三（三二九一）七八一一
　　　編集部〇三（三二九一）七八二一
振替　〇〇一九〇―五―三三二二八
　　　郵便番号一〇一―〇〇五二
http://www.hakusuisha.co.jp
乱丁・落丁本は、送料小社負担にてお取り替えいたします。

製本：平河工業社

ISBN4-560-50903-4
Printed in Japan

## 文庫クセジュ

### 自然科学